计算机应用基础

项目化教程

（Windows 10+Office 2016）

主　编◎殷志杰　党娥娥　梁婷婷

副主编◎许健琼　汤辉博　格桑次仁

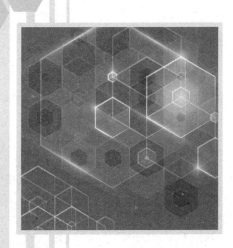

清华大学出版社
北京

内 容 简 介

本书从实际应用出发，结合工作过程和项目，以现代办公应用为主线，采用"项目引导+任务驱动"的方式，将职业工作过程系统化，以工作过程为参照系，按照工作过程来组织和讲解知识，培养学习者的职业技能和职业素养。本书所有的项目都是按照【情境描述】→【问题提出】→【任务实施】→【项目总结】的流程进行的。内容主要以 Windows 10 和 Office 2016 为平台，包括 6 个大项目，分别为学习计算机基础知识、Windows 10 操作系统和环境设置、计算机网络基础知识和基本操作、社团文档信息处理（Microsoft Word 2016）、员工工资数据处理（Microsoft Excel 2016）和制作演示文稿（Microsoft PowerPoint 2016）。

本书主要作为普通高等职业院校和高等专科学校"计算机应用基础"课程教学用书，也可作为相关领域的培训教材和计算机爱好者的参考用书。

图书在版编目（CIP）数据

计算机应用基础项目化教程：Windows10+Office2016 / 殷志杰，党娥娥，梁婷婷主编. —北京：清华大学出版社，2022.8（2023.12 重印）
ISBN 978-7-302-61592-7

Ⅰ.①计… Ⅱ.①殷… ②党… ③梁… Ⅲ.①Windows 操作系统—教材 ②办公自动化—应用软件—教材 Ⅳ.①TP3

中国版本图书馆 CIP 数据核字（2022）第 144356 号

责任编辑：邓　艳
封面设计：刘　超
版式设计：文森时代
责任校对：马军令
责任印制：杨　艳

出版发行：清华大学出版社
网　　　址：https://www.tup.com.cn, https://www.wqxuetang.com
地　　　址：北京清华大学学研大厦 A 座　　　　邮　　编：100084
社 总 机：010-83470000　　　　　　　　　　　邮　　购：010-62786544
投稿与读者服务：010-62776969，c-service@tup.tsinghua.edu.cn
质量反馈：010-62772015，zhiliang@tup.tsinghua.edu.cn
印 装 者：三河市龙大印装有限公司
经　　销：全国新华书店
开　　本：185mm×260mm　　　印　　张：16.5　　　字　　数：414 千字
版　　次：2022 年 8 月第 1 版　　　　　　　　印　　次：2023 年 12 月第 3 次印刷
定　　价：59.00 元

产品编号：097842-01

前　言

随着信息技术和网络技术的飞速发展，计算机的应用已经深入社会的各个领域，企业和事业单位对专业技术人才的需求更为迫切，掌握计算机应用基础知识和技能是当今社会复合型人才必备的素质，可以为日后的学习、生活、工作提供极大的便利。

本书定位于高等职业院校学生的计算机应用基础学习，以学生主导、能力目标为导向，在操作过程中努力培养学生学科知识的整合和综合应用能力，提高学生的专业知识水平与技能以及自主学习能力。

本教材体现了"项目引导+任务驱动"的教学特点。

（1）本书内容从实际应用出发，结合工作过程和项目，以现代办公应用为主线，采用"项目引导+任务驱动"的方式，将职业工作过程系统化，以工作过程为参照系，按照工作过程来组织和讲解知识，培养学生的职业技能和职业素养。

（2）体现"教、学、做"一体化的教学理念和实践特点。围绕现代办公应用构建教材体系，以学到实用技能、提高职业能力为目标，注重提高学生综合应用和处理复杂办公事务的能力。以"做"为中心，"教"和"学"都围绕着"做"展开，在学中做、在做中学，从而完成知识学习、技能训练和提高职业素养的教学目标。

（3）符合高职学生认知规律，有助于实现有效教学，提高教学的效率、效益、效果。本书打破了传统的学科体系结构，将各知识点与操作技能恰当地融入各个项目/任务中，突出现代职业教育的职业性和实践性，强化实践，培养学生实践动手能力，适应高职学生的学习特点，在教学过程中注重情感交流，因材施教，调动学生的学习积极性，提高教学效果。

（4）课程学习与计算机技能考证相结合。适应高职学生参加全国计算机一级等级考试的大纲要求（Windows 10 + Office 2016）。学生学习完本书内容后，可以参加相应的计算机等级考试。

（5）注重提高学生职业素质的培养。本书把课程思政的内容润物细无声地融合到课程内容中，找准学生思想需求与教学内容的结合点，掌握信息时代的话语权，促进中国特色社会主义思想进课堂。通过对每个教学项目的分析，深度挖掘课程思政元素，让学生在提升计算机基本操作技能的同时，实施"课程思政"教学。

本书中"学习计算机基础知识"项目由许健琼老师编写，"Windows 10 操作系统和环境设置"项目由格桑次仁老师编写，"计算机网络基础知识和基本操作"项目由汤辉博老师编写，"社团文档信息处理（Microsoft Word 2016）"项目由党娥娥老师编写，"员工工资数据处理（Microsoft Excel 2016）"项目由殷志杰老师编写，"制作演示文稿（Microsoft PowerPoint 2016）"项目由梁婷婷老师编写。

为便于教学，本书提供了 PPT 课件、配套案例素材等教学资源。由于时间仓促，编者水平有限，本书难免存在不足之处，敬请读者批评指正。

编　　者

目　　录

项目 1 学习计算机基础知识

随着社会的不断进步，计算机的普及越来越广，从一定程度上来讲，如果不懂计算机，可以算是半个"文盲"了。

本项目是以新同学参加"计算机基础知识竞赛"为例，介绍计算机的发展和分类、计算机的软硬件以及计算机数据表示等计算机基础知识。

【情境描述】

扎西是西藏职业技术学院大学一年级的新生，对计算机基础知识了解不多，但是他本人对于计算机十分感兴趣，非常渴望提高自己的计算机素养。

扎西同学作为计算机爱好者，最近报名参加了"计算机基础知识竞赛"。此次竞赛的内容为计算机基础知识。扎西同学对此类相关知识了解甚少，所以他需要对计算机基础知识以及计算机的一些基本操作进行学习。

【问题提出】

根据本次计算机知识竞赛发布的比赛内容，扎西提出了以下问题。

（1）计算机是怎么产生的？

（2）计算机中信息是如何表示的？

（3）计算机由哪些部分组成，各组成部分的功能是什么？

（4）什么是计算机软件，计算机软件都有哪些类型？

（5）计算机的基本操作有哪些？

【项目流程】

1.1 子项目一 了解计算机的发展史

【情境描述】

情境：扎西在学习过程中，第一个想到的问题就是"计算机的由来"，它是怎么产生的？作用是什么？计算机系统是由哪些部分组成？扎西觉得要想在本次比赛中取得好的名次，了解这些计算机基础知识是十分必要的。

【问题提出】

（1）计算机的发展历史是什么？

（2）计算机分为哪几类，分类的依据分别是什么？

（3）计算机有什么特点？

（4）计算机的应用领域主要有哪些？

1.1.1 任务一 了解计算机的发展

【情境和任务】

情境：计算机发展到今天，经历了怎样的历史变化？计算机到底是怎么产生的呢？

任务：了解计算机的发展史。

【相关资讯】

1. 信息技术

信息技术（information technology，IT）是管理和处理信息所采用的各种技术的总称，应用计算机科学和通信技术来设计、开发、安装和实施信息系统及应用软件。信息技术也称为信息和通信技术，主要包括传感技术、计算机与智能技术、通信技术和控制技术等。

2. 集成电路

集成电路（integrated circuit）是用特殊的工艺将完整的电子线路制作在一个半导体硅片上形成的电路。

【任务实施】

1. 了解计算机的发展简史

现代社会，计算机的功能十分丰富，如教学、工作、娱乐等，但是，计算机发明的初衷却是为了"计算"。在计算机出现之初，古人常用掐指、结绳、书契、算盘等多种方式进行计算，但随着社会的进步，数据的计算越来越复杂，计算量也越来越大，传统的计算方法已满足不了实际工作、生活需要。

二战期间，需要更强大、更精确的火炮来满足迫切紧张的军事需求。当时，随着火炮的发展，弹道计算日益复杂，原有的一些计算器已不能满足使用需求，迫切需要一种新的快速的计算工具。在一些科学家、工程师的努力下，在当时电子技术已显示出具有记数、计算、传输、存储控制等功能的基础上，电子计算机应运而生。

1946 年，世界上第一台电子计算机 ENIAC（electronic numerical integrator and calculator，电子数字积分计算机）诞生，由美国宾夕法尼亚大学埃克特等人研制。它装有 18 000 多只电子管和大量的电阻、电容，第一次用电子线路实现运算，如图 1-1-1 所示。如果用当时最快的机电式计算机进行 40 点弹道计算，需要 2 h，而 ENIAC 只要 3 s，这在当时已是很了不起的成绩。

图 1-1-1　世界上第一台计算机 ENIAC

一般情况下，我们习惯以"代"来对计算机发展进行划分，根据计算机所采用的微电子器件的发展，可将计算机分成 4 代，如表 1-1-1 所示。

表 1-1-1　计算机发展经历的 4 代

阶　段	时　间	微电子器件
第一代	1946—1959 年	电子管
第二代	1959—1964 年	晶体管
第三代	1964—1972 年	中小规模集成电路
第四代	1972 年至今	大规模集成电路与超大规模集成电路

第一代是电子管计算机，从世界上第一台计算机 ENIAC 出现之时，便进入了计算机的第一代。其内部存储器采用汞延迟线，外部存储器采用穿孔卡片、纸带，存储容量小、处理速度很慢，每秒几千次。该时期的计算机体积庞大、成本很高、稳定性差，多用于军事和国防尖端科技。

第二代是晶体管计算机，存储器采用磁芯存储器，存储容量从几千存储单元提高到 10 万存储单元以上，处理速度提高到每秒几十万次。该时期的计算机体积小、成本低、稳定性高，并逐渐应用到气象等其他科研领域。

第三代是中小规模集成电路计算机，内部存储器采用半导体，外部存储器采用磁带、磁盘，处理速度能达到每秒几百万次。与晶体管计算机相比，中小规模集成电路计算机的成本进一步降低，体积进一步减小，性能也提高了很多，因而应用领域也进一步扩大。

第四代是大规模集成电路与超大规模集成电路计算机，内部存储器仍然采用半导体，外部存储器采用磁盘、磁带、光盘、固态盘等大容量存储器，处理速度最高可达到每秒亿亿次，计算机的相关性能也不断提升。随着操作系统的不断升级，各种五花八门的应用软件层出不穷，计算机的应用也渗透到了我们生活、学习、工作等方方面面。

2. 了解近年来我国在计算机领域取得的成就

2000 年 1 月 28 日，中科院计算所研制的 863 项目"曙光 2000-II"超级服务器通过鉴定，其峰值速度达到 1100 亿次，机群操作系统等技术进入国际领先行列。同年 6 月 15 日，中国科学院软件研究所在 UltraSPARC 64 位平台上成功开发出第一个 64 位中文 Linux 操作系统 Penguin 64。这是当时起点最高的直接针对具体硬件平台开发的中文 Linux 操作系统。

2002 年 9 月 28 日，中科院计算所宣布中国第一个可以批量投产的通用 CPU"龙芯 1 号"芯片研制成功。其指令系统与国际主流系统 MIPS 兼容，定点字长 32 位，浮点字长 64 位，最高主频可达 266 MHz。此芯片的逻辑设计与版图设计具有完全自主的知识产权，采用该 CPU 的曙光"龙腾"服务器同时发布。

2003 年 12 月 9 日，联想承担的国家网格主节点"深腾 6800"超级计算机正式研制成功，其实际运算速度达到每秒 4.183 万亿次，全球排名第 14 位。

2009 年 10 月 29 日，我国首台千万亿次超级计算机"天河一号"研制成功，实现了我国自主研制超级计算机能力从百万亿次到千万亿次的跨越，我国成为继美国之后世界上第二个能够研制千万亿次超级计算机系统的国家。

2010 年 11 月 17 日，"天河一号 A"超级计算机以峰值速度 4700 万亿次、持续速度 2568 万亿次每秒浮点运算的优异性能，成为世界上运算速度最快的计算机，荣登第 36 届世界超级计算机 500 强排行榜榜首。

2013 年 6 月 17 日，国防科技大学研制的"天河二号"又以每秒 5.49 亿亿次的峰值计算速度和每秒 3.39 亿亿次实测计算速度，再次登上全球超算 500 强榜首，相比此前排名世界第一的美国"泰坦"超级计算机，其计算速度是后者的 2 倍。

2016 年 6 月 20 日，在法兰克福世界超算大会上，国际 TOP500 组织发布的榜单显示，"神威·太湖之光"超级计算机系统登顶榜单之首，不仅速度比第二名"天河二号"快出近 2 倍，其效率也提高了 3 倍。2020 年 7 月，中国科学技术大学在"神威·太湖之光"上首次实现千万核心并行第一性原理计算模拟。

2021 年 2 月 8 日，中科院量子信息重点实验室发布了具有自主知识产权的量子计算机操作系统"本源司南"，该操作系统能数倍地提升现有量子计算机的运行效率。

1.1.2 任务二 了解计算机的特点、分类及应用领域

【情境和任务】

情境：计算机的应用领域十分广泛，如军事、医疗、教育、生活等，那么大家使用的计算机都是一样的吗？很明显不是，那么，计算机有哪几类，又有什么特点呢？

任务：了解计算机的分类、特点及应用领域。

【相关资讯】

计算机（computer）俗称电脑，是一种用于高速计算的电子计算机器，不仅可以进行数值计算，又可以进行逻辑计算，还具有存储记忆功能，是能够按照程序运行，自动、高速处理海量数据的现代化智能电子设备。

【任务实施】

1. 了解计算机的特点

（1）运算速度快、计算精度高

现代计算机的运算速度超过每秒 10 亿亿次，我国"神威·太湖之光"最高可达每秒 12.54 亿亿次，由此可见，计算机的数据处理速度相当快，是其他任何工具无法比拟的。

（2）存储记忆能力

计算机具有强大的存储记忆能力，它可以存储图片、文字、视频等各种类型的数据，记住各行各业方方面面的知识，堪称"最强大脑"。

（3）逻辑判断能力

具有可靠的逻辑判断能力是计算机能实现信息处理自动化的重要原因。逻辑判断使计算机不仅能对数值数据进行计算，也能对非数值数据进行处理，这使计算机能广泛应用于非数值数据处理领域，如信息检索、图形识别以及各种多媒体应用等。

（4）自动化程度高

计算机安装好预先编制好的程序指令，则可自动执行相关指令，不需要人工干预，就可自动完成作业，并重复执行。

（5）网络与通信功能

计算机网络实现了最大程度上的资源共享，改变了人们的沟通交流方式。它可以将一个单位、一个城市、一个国家，甚至世界各个角落的计算机连接起来，形成一个巨大的"网"，人们可以利用一台计算机，实现信息的获取与传递，使得世界变成了"地球村"。

2. 了解计算机的分类

随着计算机的不断发展，计算机家族不断壮大，类型多种多样，按照不同的方法可将计算机分为不同的类型。常见的分类方式有以下几种。

① 按照性能、规模、处理能力划分：可分为巨型机、大型机、中型机、小型机、微型机、工作站、单片机、服务器等。这些类型划分依据通常为体积大小、结构复杂程度、功率消耗、性能指标、数据存储容量、指令系统和设备、软件配置等。

② 按照用途划分：可分为专用计算机和通用计算机。专用与通用计算机的区别体现在效率、速度、配置、结构复杂程度、造价和适应性等方面。

③ 按照处理数据的方式划分：可分为模拟计算机、数字计算机、数字和模拟混合计算机。

3. 了解计算机的应用领域

当前计算机正朝着巨型化、微型化、智能化、网络化等方向发展，计算机的性能越来越高、速度越来越快、使用范围越来越广，涉及生活的方方面面，同时其智能化程度越来越高，人工智能越来越贴近人类思维。计算机的应用领域主要有以下几种。

（1）科学计算

早期的计算机主要用于科学计算。发展至今，科学计算仍然是计算机应用的一个重要领域，如高能物理、工程设计、地震预测、气象预报、航天技术等。由于计算机具有高运算速度、高精度以及逻辑判断能力，因此出现了计算力学、计算物理、计算化学、生物控制论等新的学科。

（2）过程检控

利用计算机对工业生产过程中的某些信号自动进行检测，并把检测到的数据存入计算机，再根据需要对这些数据进行处理，这样的系统称为计算机检测系统。特别是在仪器仪表引进计算机技术后，所构成的智能化仪器仪表将工业自动化推向了一个更高的水平。

（3）信息管理

信息管理是目前计算机应用最广泛的一个领域，即利用计算机来加工、管理与操作任何形式的数据资料，如企业管理、物资管理、报表统计、账目计算、信息情报检索等。国内许多机构纷纷建设自己的管理信息系统（MIS）；生产企业也开始采用制造资源规划软件（MRP），商业流通领域则逐步使用电子信息交换系统（EDI），即所谓无纸贸易。

（4）辅助系统

计算机辅助系统包括计算机辅助教学（CAI）、计算机辅助设计（CAD）、计算机辅助工程（CAE）、计算机辅助制造（CAM）、计算机辅助测试（CAT）、计算机集成制造（CIMS）等系统。

（5）人工智能

开发一些具有人类某些智能的应用系统，用计算机来模拟人的思维判断、推理等智能活动，使计算机具有自学习适应和逻辑推理的功能，如计算机推理、智能学习系统、专家系统、机器人等，帮助人们学习和完成某些推理工作。

（6）语言翻译

1947年，美国数学家、工程师沃伦·韦弗与英国物理学家、工程师安德鲁·布思提出了利用计算机进行翻译（简称"机译"）的设想，机译从此步入历史舞台。机译分为文字机译和语音机译。机译消除了不同文字和语言间的隔阂，堪称高科技造福人类之举。但机译的质量长期以来一直是个问题，尤其是译文质量，离理想目标仍相差甚远。

【项目总结】

本子项目主要介绍了计算机的发展史，以及我国近代计算机发展所取得的成就，同时介绍了计算机的特点、分类和应用领域等。

1.2　子项目二　了解计算机的组成

【情境描述】

情境：计算机的功能很多，用途很广，那么计算机是由什么组成的？各部分又是如何协调运作的？

【问题提出】

（1）计算机由哪些部分组成？

（2）计算机硬件系统的组成部件有哪些，功能分别是什么？

（3）什么是计算机软件？

（4）什么是计算机病毒？

1.2.1　任务一　了解计算机硬件系统

【情境和任务】

情境：组成计算机的零部件很多，那么它们的名称是什么，又有什么样的功能呢？

任务：了解计算机硬件系统。

【相关资讯】

存储程序的概念是由冯·诺依曼等人提出的，其特点主要有以下 3 点：一是计算机由运算器、存储器、控制器、输入设备、输出设备 5 部分构成（也称计算机的冯·诺依曼结构）；二是计算机内部采用二进制进行数据处理；三是将编好的程序和原始数据事先存入存储器中，计算机按照存储程序的逐条取出指令加以分析，并执行指令所规定的操作。

【任务实施】

1.　了解计算机系统的组成

计算机系统由软件系统和硬件系统两部分组成，它们通过机器语言交互联系，共同协作运行应用程序，保证计算机的正常运行。计算机硬件是指组成计算机的各种物理设备，是看得见、摸得着的实体设备。计算机软件是指计算机系统中的程序及其文档。硬件是软件的载体，是软件赖以工作的实体支撑；软件是计算机的"灵魂"，没有软件的计算机称之为"裸机"，是不能正常使用的。计算机系统的组成如图 1-2-1 所示。

图 1-2-1　计算机系统的组成

2.　了解中央处理器

中央处理器又称微处理器，简称 CPU（见图 1-2-2），是电子计算机的主要设备之一。CPU包括运算逻辑部件、寄存器部件和控制部件等。其功能主要是解释计算机指令以及处理计算机软件中的数据。计算机中所有操作指令的读取、译码和执行都由 CPU 负责处理，因此 CPU 也是计算机的核心部件。中央处理器的性能指标有很多，主要有主频（时钟频率）、指令周期、字长、CPU 缓存等。

图 1-2-2　中央处理器

3．了解存储器

存储器是存放程序和数据的部件，是计算机实现存储程序概念的基础，是计算机中的记忆设备。现代计算机系统通常把不同的存储设备按一定的体系结构组织起来，以解决存储容量、存储速度和价格之间的矛盾，如图 1-2-3 所示。

图 1-2-3　多级存储结构

4．了解主板

从外观上看，主板是一块矩形的印刷电路板，在电路板上分布着各种电容、电芯片、插槽等元器件，包括 BIOS 芯片、I/O 控制芯片、面板控制开关接口、各种扩充插槽、供电电源插座、CPU 插座等，如图 1-2-4 所示。实际上，主板是计算机主机最重要的部件，计算机中的各种硬件都是通过主板来联结并工作的。它为 CPU、内存和各种功能设备提供安装插座或接口，如声卡、网卡、打印机等。

图 1-2-4　主板

5. 了解输入设备

输入设备是向计算机输入数据和信息的设备,是计算机与用户或其他设备通信的桥梁,是用户和计算机系统之间进行信息交换的主要装置之一。键盘、鼠标、摄像头、扫描仪、光笔、手写输入板、游戏杆、语音输入装置等都属于输入设备。输入设备把原始数据和处理这些数据的程序输入计算机中。计算机能够接收各种各样的数据,既可以是数值型的数据,也可以是各种非数值型的数据,如图形、图像、声音等都可以通过不同类型的输入设备输入计算机中,进行存储、处理和输出。

(1)键盘

键盘是最常用也是最主要的输入设备,通过键盘可以将英文字母、数字、标点符号等输入计算机中,从而向计算机发出命令、输入数据等。

目前市场上出现的键盘多是 QWERTY 布局,这种键盘布局不是为了提高打字效率,相反效率不高。最初,打字机的键盘是按照字母顺序排列的,而打字机是全机械结构的打字工具,如果打字速度过快,某些键的组合很容易出现卡键问题。于是克里斯托夫·拉森·肖尔斯(Christopher Latham Sholes)发明了 QWERTY 键盘,他将最常用的几个字母安置在相反方向,最大限度地增大重复敲键的时间间隔,因此避免了卡键,QWERTY 键盘一直沿用至今。

从未来发展上来看,市场上也出现了声控输入、手写输入、触摸或单击输入等几种非键盘输入方式,国外正在研发更先进的脑电波识别与输入技术。随着技术进步,键盘在未来也会进行技术革新,以便更好地为计算机服务,最大的可能性即为在保留现有键盘功能的基础上,融合其他输入方式。

(2)鼠标

鼠标因形似老鼠而得名。其标准称呼应该是"鼠标器",英文名为"mouse",鼠标的使用是为了使计算机的操作更加简便快捷,代替键盘那些烦琐的指令。鼠标是最主要的输入设备之一,是计算机的一种外接输入设备,也是计算机显示系统纵横坐标定位的指示器。鼠标共有移动、拖动、单击、双击、右击 5 种基本操作。鼠标按照不同的方式可以分为不同的类型。例如,鼠标按其工作原理及其内部结构的不同,可以分为机械式、光机式和光电式;按接口类型的不同,可分为串行鼠标、PS 鼠标、总线鼠标、USB 鼠标 4 种。

6. 了解输出设备

(1)显示系统

微型计算机显示系统由显示器和显卡组成,如图 1-2-5 所示。

图 1-2-5 显示器(左)和显卡(右)

显示器是计算机最基本的输出设备,是一种将一定的电子文件通过特定的传输设备显示到屏幕上再反射到人眼的显示工具。从广义上讲,街头随处可见的大屏幕、电视机、BSV 液晶拼接的荧光屏、手机等的显示屏都属于显示器的范畴,但目前一般指与计算机主机相连的显示设备。

显卡是计算机进行数模信号转换的设备，承担着输出显示图形的任务。显卡接在计算机主板上，它将计算机的数字信号转换成模拟信号后再让显示器显示出来，具有图像处理能力，可协助 CPU 工作，提高计算机整体的运行速度。

（2）打印机

打印机（printer）用于将计算机处理结果打印在相关介质上。衡量打印机好坏的指标有 3 项：打印分辨率、打印速度和噪声。

打印机的种类很多，按打印元件对纸张是否有击打动作，可分为击打式打印机与非击打式打印机；按打印字符结构，可分为全形字打印机和点阵字符打印机；按一行字在纸上形成的方式，可分为串式打印机与行式打印机；按所采用的技术，可分为柱形、球形、喷墨式、热敏式、激光式、静电式、磁式、发光二极管式等打印机。图 1-2-6 为喷墨打印机和激光打印机。

图 1-2-6　喷墨打印机（左）与激光打印机（右）

1.2.2　任务二　了解计算机软件系统

【情境和任务】

情境：仅仅有计算机硬件，我们的计算机就能正常工作了吗？显然是不行的，我们要正常使用计算机，还必须有软件作为桥梁。我们平时运用计算机进行娱乐、学习、工作等都是通过计算机软件来实现的。那么什么是计算机软件？它的功能是什么？软件又是如何进行分类的呢？

任务：了解计算机软件系统。

【相关资讯】

1．计算机软件

计算机软件（software）是一系列按照特定顺序组织的计算机数据和指令的集合，我们通常所说的软件是指计算机系统中的程序及其文档。

2．软件与硬件的不同点

① 表现形式不同：硬件有形、有色、有味，看得见、摸得着、闻得到。而软件无形、无色、无味，看不见、摸不着、闻不到。软件大多存在于人们的脑袋里或字面上，它的正确与否，是好是坏，要在机器上运行才能知道。这就给软件的设计、生产和管理带来了许多困难。

② 生产方式不同：软件是开发，是人的智力的高度发挥，不是传统意义上的硬件制造。尽管软件开发与硬件制造之间有许多共同点，但这两种活动是根本不同的。

③ 要求不同：硬件产品允许有误差，而软件产品却不允许有误差。

④ 维护不同：硬件是会用旧用坏的；在理论上，软件是不会用旧用坏的，但实际上，软件也会变旧变坏。因此在软件的整个生存期中，一直处于改变维护状态。

【任务实施】

计算机软件分为系统软件和应用软件两类。系统软件包括操作系统、编译程序、数据库管理系统、各种高级语言等；应用软件由通用支援软件和各种应用软件包组成。

1. 了解系统软件

系统软件是指控制和协调计算机及外部设备，支持应用软件开发和运行的系统，是无须用户干预的各种程序的集合，主要功能是调度、监控和维护计算机系统；负责管理计算机系统中各种独立的硬件，使得它们可以协调工作。系统软件使得计算机使用者和其他软件将计算机当作一个整体而不需要顾及底层每个硬件是如何工作的。

（1）操作系统

操作系统是管理计算机硬件资源，控制其他程序运行并为用户提供交互操作界面的系统软件的集合。操作系统是计算机系统的关键组成部分，负责管理与配置内存、决定系统资源供需的优先次序、控制输入与输出设备、操作网络与管理文件系统等基本任务。操作系统的种类很多，各种设备安装的操作系统从简单到复杂，从手机的嵌入式操作系统到超级计算机的大型操作系统，均有涉及。

（2）语言处理程序

计算机只能直接识别和执行机器语言，因此想要在计算机上运行高级语言程序，就必须配备程序语言翻译程序。翻译程序本身是一组程序，不同的高级语言都有相应的翻译程序。

（3）数据库管理

数据库管理属于数据库维护的范围。广义而言，数据库管理是数据库设计以后的一切数据库管理活动，包括数据库模型创建、数据加载、数据库系统日常维护活动等。狭义而言，数据库管理是数据库系统运行期间对数据库采取的活动。数据库管理系统有组织地、动态地存储大量数据，使人们能方便、高效地使用这些数据。数据库管理系统作为一种操纵和管理数据库的大型软件，用于建立、使用和维护数据库。

（4）辅助程序

系统辅助处理程序也称为"软件研制开发工具"、"支持软件"或"软件工具"，主要有编辑程序、调试程序、装备和连接程序等。

2. 了解应用软件

应用软件是为了某种特定的用途而被开发的软件。它可以是一个特定的程序，如一个图像浏览器；可以是一组功能联系紧密、可以互相协作的程序的集合，如微软的 Office 软件；也可以是一个由众多独立程序组成的庞大的软件系统，如数据库管理系统。较常见的应用软件有文字处理软件（如 WPS、Word）、信息管理软件、辅助设计软件（如 AutoCAD）、实时控制软件（如极域电子教室等）、教育与娱乐软件等。

3. 了解计算机病毒

计算机病毒（computer virus）指编制者在计算机程序中插入的破坏计算机功能或者破坏数

据，影响计算机正常使用并且能够自我复制的一组计算机指令或程序代码。计算机病毒是人为制造的，隐蔽在其他可执行的程序之中。计算机中病毒后，轻则影响机器运行速度，重则死机并破坏系统，因此计算机病毒会给用户带来很大的损失。

计算机病毒具有传播性、隐蔽性、感染性、潜伏性、可激发性、表现性或破坏性。计算机病毒的生命周期：开发期→传染期→潜伏期→发作期→发现期→消化期→消亡期。

（1）计算机病毒的类型

计算机病毒依据折叠依附的媒体类型可分为如下几类。

① 网络病毒：通过计算机网络感染可执行文件的计算机病毒。

② 文件病毒：主攻计算机内存储的文件的病毒。

③ 引导型病毒：是一种主攻感染驱动扇区和硬盘系统引导扇区的病毒。

计算机病毒依据特定的算法可分为如下几类。

① 附带型病毒：通常附带于一个 EXE 文件上，其名称与 EXE 文件名相同，但扩展是不同的，一般不会破坏更改文件本身，但在 DOS 读取时首先激活的就是这类病毒。

② 蠕虫病毒：它不会损害计算机文件和数据，它的破坏性主要取决于计算机网络的部署，它通过不停地获得网络中存在漏洞的计算机上的部分或全部控制权来进行传播。

③ 可变病毒：可以自行应用复杂的算法，很难发现，因为在不同地方表现的内容和长度是不同的。

（2）计算机病毒的危害

现如今，计算机已被运用到各行各业中，计算机和计算机网络已经成为人们生活中重要的组成部分，而计算机病毒会对计算机数据进行破坏、篡改或盗取，这会造成严重的网络安全问题，进而影响网络的使用效益。

① 大部分计算机病毒在激发时会直接破坏计算机的重要信息数据和 CMOS 设置；会删除重要文件；会格式化磁盘或者改写目录区；会用"垃圾"数据来改写文件。

② 消耗内存以及磁盘空间。计算机病毒是一段计算机代码，肯定会占用计算机的内存空间，有些大的病毒还会在计算机内部自我复制，导致计算机内存大幅度减少。比如，你并没有存取磁盘，但磁盘指示灯狂闪不停，或者其实并没有运行多少程序时却发现系统已经被占用了不少内存，这就有可能是计算机病毒在作怪了。很多计算机病毒在活动状态下都是常驻内存的，一些文件型病毒能在短时间内感染大量文件，使每个文件都不同程度地加长，从而造成磁盘空间的严重浪费。

③ 计算机病毒运行时还会修改中断地址，在中断过程中加入病毒的"私货"，干扰系统的正常运行。

④ 计算机病毒侵入系统后会自动搜集用户的重要数据，窃取、泄露信息和数据，造成用户信息大量泄露，给用户带来不可估量的损失和严重的后果。

⑤ 计算机病毒会给用户造成严重的心理压力。病毒的泛滥使用户提心吊胆，时刻担心遭受病毒的感染，由于大部分人对病毒并不是很了解，一旦出现诸如计算机死机、软件运行异常等现象，人们往往就会怀疑这些现象可能是由计算机病毒造成的。据统计，计算机用户怀疑"计算机有病毒"是一种常见的现象，很多计算机用户担心自己的计算机侵入了病毒，而实际上计算机发生的种种现象并不全是病毒所导致的。

正常的软件往往需要进行多人多次测试来完善，而计算机病毒一般是个别人在一台计算机上完成后快速向外放送的，所以病毒给计算机带来的危害不只是制造者所期望的病毒，还有一些是由计算机病毒错误而带来的。

（3）计算机病毒的传播途径

① 软盘：通过使用外界被感染的软盘，例如，从不同渠道得来的系统盘、来历不明的软件、游戏盘等是最普遍的传染途径。由于使用带有病毒的软盘，机器感染病毒发病，并传染给未被感染的"干净"的软盘。大量的软盘交换，合法或非法的程序复制，不加控制地随便在机器上使用各种软件，这些都是病毒感染、泛滥蔓延的途径。

② 硬盘：通过硬盘传染也是病毒传播的重要渠道。将带有病毒的机器移到其他地方使用、维修等，就有可能传染"干净"的软盘并再扩散。

③ 光盘：因为光盘容量大，存储了海量的可执行文件，所以大量的病毒就有可能藏身于光盘，由于只读式光盘不能进行写操作，因此光盘上的病毒不能清除。以谋利为目的的非法盗版软件的制作过程中，不可能为病毒防护担负专门责任，也不会有真正可靠可行的技术保障避免病毒的传入、传染、流行和扩散。当前，盗版光盘的泛滥给病毒的传播带来了很大的便利。

④ 网络：这种传染扩散极快，能在很短时间内传遍网络上的机器。随着 Internet 的风靡，病毒的传播又增加了新的途径，它的发展使病毒可能成为灾难，病毒的传播更迅速，反病毒的任务更加艰巨。Internet 带来两种不同的安全威胁：一种威胁来自文件下载，这些被浏览的或是被下载的文件可能存在病毒；另一种威胁来自电子邮件。大多数 Internet 邮件系统提供了在网络间传送附带格式化文档邮件的功能，因此感染病毒的文档或文件就可能通过网关和邮件服务器涌入企业网络。网络使用的简易性和开放性使得这种威胁越来越严重。

（4）计算机病毒的防治

① 安装最新的杀毒软件，经常升级杀毒软件病毒库，定时对计算机进行病毒查杀，上网时要开启杀毒软件的全程监控。培养良好的上网习惯，例如，对不明邮件及附件慎重打开，可能带有病毒的网站尽量别上，尽可能使用较为复杂的密码。猜测简单密码是许多网络病毒攻击系统的一种新方式。

② 不要执行从网络下载后未经杀毒处理的软件；不要随便浏览或登录陌生的网站，加强自我保护。现在有很多非法网站被潜入了恶意的代码，一旦被用户打开，立即会被植入木马或其他病毒。

③ 培养自觉的信息安全意识，在使用移动存储设备时，尽可能不要共享这些设备，因为移动存储设备是计算机病毒传播的主要途径，也是计算机病毒攻击的主要目标。在对信息安全要求比较高的场所，应将计算机上面的 USB 接口封闭，同时在有条件的情况下应该做到专机专用。

④ 利用 Windows Update 功能打全系统补丁，同时将应用软件升级到最新版本，如播放器软件、通信工具等，避免病毒以网页木马的方式入侵系统或者通过其他应用软件漏洞进行病毒的传播；将受到病毒侵害的计算机尽快隔离，在使用计算机的过程中，若发现计算机上存在病毒或者计算机异常，应该及时中断网络；当发现计算机网络一直中断或者网络异常时，立即切断网络，以免病毒在网络中传播。

【项目总结】

本子项目介绍了计算机的组成部分、系统软件和应用软件的区别以及计算机病毒等知识。

1.3 子项目三 了解计算机中数据表示及其转换方式

【情境描述】

情境：扎西在学习了计算机的发展史后，发现计算机的语言和人类语言不一样，那么计算机中各种各样的数据是怎样表示的呢？

【问题提出】

（1）计算机中数据的表示方式是什么？

（2）计算机的存储单位有哪些，它们的换算进率是多少？

（3）计算机常用的进位计数制有哪几种，之间的转换关系是什么？

1.3.1 任务一 了解计算机中数据类型及其表示方式

【情境和任务】

情境：计算机中的数据有哪些？又是怎样进行区分的呢？

任务：了解计算机中的数据类型及其表示方式。

【相关资讯】

1. 数据与信息

数据是计算机加工和处理的对象。数值、文字、语言、图形等都是不同形式的数据。信息既是各种事物变化和特征的反映，又是事物之间相互作用、相互联系的表征，是经过加工处理并对人类客观行为产生影响的数据表现形式。计算机科学中的信息是能够用计算机处理的有意义的内容或消息。数据是信息的载体，信息是对人有用的数据。

2. 进制

进制就是进位的规则。比如，通常的十进制，9+1 就是 10，即 9 进一位就是两位数 10。十进制的规则就是数量满十就进位，二进制就是数量满二就进位，同理，其他进制以此类推，n 进制即数量满 n 就进位。

【任务实施】

日常生活中我们常用的计数方式是十进制，世界上第一台计算机 ENIAC 也是采用十进制来表示数据，但冯·诺依曼在参与 ENIAC 研发时发现十进制数的表现和实现方式十分麻烦，计算量巨大，故提出了采用二进制来表示数据的想法。至今，计算机内部处理数据采用的通常都是二进制。

二进制只有"0"和"1"两个数。相对于其他进制而言，二进制的运算规则简单，在物理上容易实现，通用性强，所占用的空间和消耗的能量较小，可靠性高。但考虑到二进制位数比较长，书写起来不方便，又引入了八进制和十六进制来表示数据。为了更好地实现人机交互，计算机系统的相关硬件设备和软件会将计算机中的数据转换成人们熟悉的数据形式表现出来，如十进制数、文字、图形图像等数据表现形式。

1. 了解进位计数制

常见的进位计数制有二进制、十进制、八进制、十六进制。各数制包含的数据范围及表示方式如表1-3-1所示。

表1-3-1 常见进位计数制的表示

进制类型	数据范围	表示形式	运算规则	权（n 为整数）
二进制	0、1	B	逢二进一	2^n
十进制	0、1、2、3、4、5、6、7、8、9	D	逢十进一	10^n
八进制	0、1、2、3、4、5、6、7	O 或 Q	逢八进一	8^n
十六进制	0、1、2、3、4、5、6、7、8、9、A（10）、B（11）、C（12）、D（13）、E（14）、F（15）	H	逢十六进一	16^n

区分一个数是几进制数通常有如下3种方式。第一种方式：将数用小括号括起来，在小括号的右下角标上进制的类型，如（1101.11）$_2$ 表示的是二进制数，（1101.11）$_8$ 则表示的是八进制数；第二种方式：在数据后面添加表示各进制数的字母，通常用字母 B 表示二进制数，字母 O 表示八进制数（有时也用字母 Q 代替字母 O 表示八进制数），字母 D 表示十进制数，字母 H 表示十六进制数，如 1011B 表示二进制数，1011H 则表示十六进制数；第三种方式：将数用小括号括起来，在小括号的右下角标上代表各个进制的字母，如（1101.11）$_B$ 表示的是二进制数，（1101.11）$_H$ 表示的是十六进制数，其他进制以此类推。没有任何标记的数，默认是十进制数。

📢 **提示**：当 R 进制小数点向右移动 n 位时，其值扩大了 R^n 倍；当 R 进制小数点向左移动 n 位时，则其值缩小为原来的 $1/R^n$。

2. 了解常见各数制相互转换的方法

（1）二进制数、八进制数、十六进制数转换成十进制数

方法：将需要转换的二（或者八、十六）进制数的各位按权展开成多项式，即为对应的十进制数。例如：

（1101.11）$_2$＝$1×2^3+1×2^2+0×2^1+1×2^0+1×2^{-1}+1×2^{-2}$＝（13.75）$_{10}$

（127.34）$_8$＝$1×8^2+2×8^1+7×8^0+3×8^{-1}+4×8^{-2}$＝（87.4375）$_{10}$

（D2A.C）$_{16}$＝$13×16^2+2×16^1+10×16^0+12×16^{-1}$＝（3370.75）$_{10}$

（2）十进制数转换成二进制数、八进制数、十六进制数

方法：整数部分采用"除以2（或者8、16）取余法"，转换成二进制数则除以2，转换成八进制数则除以8，转换成十六进制数则除以16，即用需要转换的数的整数部分多次除以2（或者8、16），直到商为0，取每次相除所得余数，从下往上得出的结果即为转换后的二进制数（或者八进制数、十六进制数）。

例如：（19）$_{10}$＝（10011）$_2$，（872）$_{10}$＝（1550）$_8$，（8956）$_{10}$＝（22FC）$_{16}$，换算过程如下所示：

小数部分采用"乘以 2（或者 8、16）取整法"，转换成二进制数则乘以 2，转换成八进制数则乘以 8，转换成十六进制数则乘以 16，即用需要转换的数的小数部分多次乘以 2（或者 8、16），取所得的积的整数，若某一次小数部分乘以 2（或者 8、16）后的积的整数大于或等于 1，则需将积的整数变成 0 后，再继续与 2（或者 8、16）相乘，依此类推，直到小数部分为 0（当小数部分永远不为 0 时，达到要求的精度即可）；所得的整数自小数点后自左往右排列，取有效精度，第一次相乘取得的整数排在最左边。

提示：十进制数 2^n 转换成二进制数是 100000…（ n 个 0）；十进制数 2^n-1 转成二进制是 111111…（ n 个 1）。

（3）二进制数与八进制数、十六进制数相互转换

二进制数、八进制数、十六进制数之间联系比较紧密，且关系特殊：$2^3=8$，$2^4=16$，即 1 位八进制数相当于 3 位二进制数，1 位十六进制数相当于 4 位二进制数。二进制数、八进制数、十六进制数相互转换关系如表 1-3-2 所示。

表 1-3-2 二进制数、八进制数、十六进制数转换关系表

八进制数	对应二进制数	十六进制数	对应二进制数	十六进制数	对应二进制数
0	000	0	0000	8	1000
1	001	1	0001	9	1001
2	010	2	0010	A	1010
3	011	3	0011	B	1011
4	100	4	0100	C	1100
5	101	5	0101	D	1101
6	110	6	0110	E	1110
7	111	7	0111	F	1111

二进制数转换成八进制数、十六进制数的方法：以小数点为中心向左右两边分组，八进制数每 3 位为一组，十六进制数每 4 位为一组，最高位或最低位不足 3 位或 4 位时，在小数点最左或最右补齐。

例如：

$(1110100111100001.1010111)_2=(164741.534)_8$

$(110100111100001.1010111)_2=(69E1.AE)_{16}$

换算过程如下：

$(\boxed{001}\,\boxed{110}\,\boxed{100}\,\boxed{111}\,\boxed{100}\,\boxed{001}.\boxed{101}\,\boxed{011}\,\boxed{100})_2=(164741.534)_8$
　　1　　6　　4　　7　　4　　1 . 5　　3　　4

$(\boxed{0110}\,\boxed{1001}\,\boxed{1110}\,\boxed{0001}.\boxed{1010}\,\boxed{1110})_2=(69E1.AE)_{16}$
　　6　　9　　E　　1 . A　E

八进制数、十六进制数转换为二进制数的方法类似，1 位八进制数转化为 3 位二进制数，1 位十六进制数转换为 4 位二进制数。

例如：

$(7152)_8=(111001101010)_2$

$(AF18)_{16}=(1010111100011000)_2$

换算过程如下：

$(7152)_8=$ (111 001 101 010)$_2$

　　　　　　 7　　1　　5　　2

$(AF18)_{16}=$ (1010 1111 0001 1000)$_2$

　　　　　　 A　　F　　1　　8

提示：八进制数转换成十六进制数，需要将八进制数先转化为二进制数（或者十进制数），再由二进制数（或者十进制数）转成为十六进制数即可，十六进制数转换成八进制数的方法类似。

1.3.2　任务二　了解计算机中数据的单位及单位间的换算方式

【情境和任务】

情境：日常生活中，物体重量单位有克、千克等；时间单位有分、时等；长度单位有米、千米等。那么，计算机中数据的存储单位又是怎样的呢？

任务：了解计算机中数据的单位及单位间的换算方式。

【相关资讯】

1. 存储单位

存储单位是一种计量单位，指在某一领域以一个特定量或标准作为一个记录（计数）点，再以此点的某个倍数去定义另一个点，而这个点的代名词就是计数单位或存储单位。如卡车的载重量是吨，也就是这辆卡车能存储货物的数量，"吨"就是它的单位量词。

2. 换算进率

目前计算机都是二进制的，只有 2 的整数幂时计算机计算才非常方便，故计算机存储单位的换算进率是 1024。但在日常生活中，人们习惯使用十进制，所以存储器厂商一般使用 1000 作为进率。如 100 GB 的硬盘，其实际容量为 $100\times1000\times1000\times1000/(1024\times1024\times1024)\approx$ 93.1 GB。

【任务实施】

计算机中数据最小的单位是位（bit），存储容量的基本单位是字节（Byte）。

（1）位（bit）

计算机内部采用二进制来表示数据，二进制只有 0 和 1 两个数码。我们通常用多个 0 或 1 组合到一起来表示某个数，其中的一个 0 或 1 数码称之为 1 位。

（2）字节（Byte）

字节是计算机数据处理和存储容量的基本单位，一个字节由 8 个位组成，即 1 B=8 bit。

为了衡量存储器的大小，出现了以字节为基本单位的其他各种存储单位，字节容量之间的单位换算如下。

❖　千字节（KB）：1KB=1024B=2^{10}B。

❖　兆字节（MB）：1MB=1024KB=1024×1024B=2^{20}B。

❖　吉字节（GB）：1GB=1024MB=$1024\times1024\times1024$B=2^{30}B。

❖　太字节（TB）：1TB=1024GB=$1024\times1024\times1024\times1024$B=$2^{40}$B。

随着计算机技术的不断发展和进步，计算机的存储容量也在不断变大，除了以上几个常见的容量单位外，也出现了一些更大的容量单位，如 PB、EB、ZB、YB、BB、NB、DB 等，每个容量单位之间按照进率 1024 计算。

（3）字长

字长是指计算机中参与运算的数的基本位数，是计算机的主要性能指标之一。字长代表着精度，字长越长，计算机的精度就越高。计算机字长一般是字节的整倍数，如 1 字节 8 位，2 字节 16 位，4 字节 32 位。计算机发展到今天，个人计算机的字长一般为 64 位，大型机字长一般为 128 位。

【项目总结】

本子项目主要介绍了计算机中数据类型及其表示方式、计算机中数据的单位及单位间的换算方式。

1.4 子项目四 计算机的基本操作

【情境描述】

情境：计算机的操作有很多，但是一些常见的基本操作，如鼠标键盘的使用、查杀计算机病毒、查看计算机软硬件配置等，都是怎样实现的呢？

【问题提出】

（1）计算机如何进行开关机？

（2）鼠标和键盘是怎么使用的？

（3）如何查看计算机的软硬件配置？

1.4.1 任务一 启动和关闭计算机

【情境和任务】

情境：我们在使用计算机前都要先开机，使用完后需要将计算机关闭。那么，怎样开关机才是正确的呢？

任务：启动和关闭计算机。

【相关资讯】

计算机的整个启动过程分成 4 个阶段：启动 BIOS→主引导记录→硬盘启动→启动操作系统。

【任务实施】

1. 启动计算机

计算机启动的最终目的是把操作系统从磁盘装入内存之中，并且在屏幕上给出提示符（DOS系统）或者在屏幕上出现桌面。

我们通常所说的启动计算机是指计算机在没有加电的状态下初始加电，一般原则如下：先开外设电源，后开主机电源。而关机时正好相反，应该在关闭计算机程序后，先关主机后关外设。操作步骤如下。

步骤①：按下计算机显示器的电源按钮，显示器指示灯亮则表示显示器打开。

步骤②：按下计算机主机箱上的开关按钮，电源指示灯变亮，同时主机箱内发出"滴"响声，表示主机电源接通，计算机开始启动。

步骤③：计算机开始启动后，显示器上会显示计算机启动的进程，直到 Windows 登录界面出现，选择相应的用户，输入密码，即可进入系统，如图 1-4-1 所示。

图 1-4-1　Windows 10 登录界面

2. 关闭计算机

（1）正常关机

Windows 10 操作系统提供了多种关机方式，以方便用户根据自己的喜好选择。下面介绍利用开关按钮进行关机的方法。

步骤①：单击"开始"按钮（即 Windows 按钮），弹出 Windows 10 开始菜单，选择左下角"电源"按钮，如图 1-4-2 所示。

步骤②：在出现的弹框中选择"关机"选项，就可以关闭计算机，如图 1-4-3 所示。

图 1-4-2　"电源"按钮

图 1-4-3　"关机"选项

（2）定时关机

如果有事需要出门，不方便关机（如正在下载文件）时，就可以将计算机设置成定时关机。

步骤①：单击"开始"按钮，打开"运行"对话框（或者在键盘上按 Win+R 快捷键，打开"运行"对话框），如图 1-4-4 所示。

图 1-4-4　"运行"对话框

步骤②：在输入框内输入命令"shutdown -s -t 5400"，"5400"为关机剩余时间，即多长时间后关机，单位为秒。此命令表示 1.5 h 后关机，如图 1-4-5 所示。

图 1-4-5　输入定时关机命令

提示："shutdown -s -t 5400"命令输入时中间有空格。

步骤③：单击"确定"按钮，设置自动关机时间完成，如图 1-4-6 所示。

步骤④：取消自动关机。在"运行"对话框里输入"shutdown -a"命令，取消自动关机设置，如图 1-4-7 所示。

图 1-4-6　关机剩余时间提示

图 1-4-7　取消定时关机

（3）非法关机

计算机有时死机后就连复位开关都无可奈何，此时可以采取强行关机的办法实施关机，即非正常关机，或称非法关机。方法有两种，具体如下。

方法一：按下主机电源开关 5 s 左右，电源会自动关闭，随后，主机会因为没有了电源的供应而突然停止所有工作。

方法二：直接拔掉电源线。

计算机非正常关机后，下一次启动系统通常会默认进入自检模式。

1.4.2　任务二　正确使用鼠标和键盘

【情境和任务】

情境：鼠标和键盘是计算机最基本的输入设备，熟练掌握鼠标和键盘的正确使用方法，对提高计算机的操作速度非常有帮助。前面我们学习了鼠标和键盘的基本概念，那么它们是怎么使用的呢？

任务：掌握鼠标和键盘操作方法。

【相关资讯】

蓝牙技术是一种无线数据和语音通信开放的全球规范，它是基于低成本的近距离无线连接，为固定和移动设备建立通信环境的一种特殊的近距离无线技术连接。蓝牙使当前的一些便携移动设备和计算机设备能够不需要电缆就能连接到互联网，并且可以无线接入互联网。

【任务实施】

1. 了解鼠标的使用方法

　　人们通常都是使用右手握鼠标，手自然地放在鼠标上。握鼠标的正确方法：食指和中指分别自然地放在鼠标的左键和右键上，拇指横向放在鼠标左侧，无名指和小指放在鼠标的右侧，拇指与无名指及小指轻轻握住鼠标，手掌轻轻贴住鼠标后部，手腕自然垂放在桌面上。当我们移动右手时，鼠标指针也随之移动。通过敲击键盘和单双击鼠标来完成一系列的操作。握鼠标的正确姿势如图 1-4-8 所示。

图 1-4-8　握鼠标的正确方式：正面图（左）和侧面图（右）

2. 了解键盘的使用方法

　　键盘分为 5 个区：主键盘区、功能键区、控制键区、状态指示区、数字键区，如图 1-4-9 所示。

图 1-4-9　键盘的 5 个区

　　键盘的主键盘区是主要的数据输入区域，由字母键、数字键、符号键以及一些其他特殊控制键组成；功能键区位于键盘的最上方，包括 Esc、F1～F12 键；控制键区位于主键盘区的右侧，包括所有的对光标进行操作的按键以及一些操作功能键；数字键区位于键盘的右侧，又称为"小键盘区"，包括数字键和常用的运算符号键；状态指示区位于数字键区的上方，包括 3 个状态指示灯，分别是 NumLock 灯、CapsLock 灯、ScrollLock 灯。

　　键盘常用键说明如下。

　　回车键（Enter）：用于对输入动作的一种确认以及用于文字处理软件中的换行等操作。

　　退格键（Backspace）：在回车键上方，作用是使光标插入点向左移动一格，常用于删除光标插入点前面的字符。

　　上档键（Shift）：键盘中的上档键有两个，分别位于主键盘区的左右两侧。上档键的作用是输入上档符号。在键盘中有一些按键上有两个符号，其中上面的字符就叫上档符号，如"1"上面的"！"和"="上面的"+"等。按住上档键不松手，去按有两个字符的按键，则输入上档符号。

制表键（Tab）：用以将光标插入点移动到下一个定位点上。

窗口键（Win）：用于打开计算机的系统开始菜单。

Ctrl 键（控制键）和 Alt 键（转换键）：一般作为组合键使用，比如，Ctrl+C 组合键作用是复制；Alt+F4 组合键作用是关闭当前窗口等。

插入键（Insert）：用于切换插入/改写两种输入状态。

删除键（Delete）：用于删除光标插入点后面的字符，以及对文件及文件夹等进行删除操作。

翻页键（PageUP 和 PageDown）：用于对当前页面进行前翻页和后翻页操作。

Home 键和 End 键：用于把光标插入点移动到当前内容的开头或者结尾位置。

NumLock 键：按下数字锁定键，该键对应的指示灯亮起，这时按小键盘区按键，可以输入相对应的数字，当再次按下该键，数字键盘区锁定，不可用。

CapsLock 键：按下大写字母锁定键，则输入的是大写字母，再次按下此键，大写锁定取消，可输入小写字母或者汉字等。

方向键（↑、↓、←、→）：用于控制光标上、下、左、右移动。

F1～F12 键：一共 12 个按键，不同的计算机以及不同的应用软件有不同的作用。比如，按下 F1 键可以打开当前程序的帮助窗口，按下 F2 键会对你所选定的文件或文件夹进行重命名。

主键盘区有 8 个基准键，分别是[F]、[D]、[S]、[A]、[J]、[K]、[L]、[;]。打字之前要将左手的食指、中指、无名指、小指分别放在[F]、[D]、[S]、[A]键上，将右手的食指、中指、无名指、小指分别放在[J]、[K]、[L]、[;]键上，双手的拇指都放在空格键上。[F]、[J]和小键盘数字 5 上面都有一个凸起的小横杠或者小圆点，盲打时可以通过它们找到基准键位。每个手指所负责的按键如图 1-4-10 所示。

图 1-4-10　键盘的手指键位图

1.4.3　任务三　查看计算机的软硬件配置

【情境和任务】

情境：计算机配置决定了一台计算机的性能好坏，如果计算机配置没有达到软件的要求，则无法流畅运行。那么如何查看计算机软硬件配置呢？

任务：掌握查看计算机软硬件配置的方法。

【相关资讯】

计算机系统包括硬件系统和软件系统，是为实现计算机的某种应用，从现有计算机系统和设备中选取一组设备组合在一起，构成一个计算机应用系统。

【任务实施】

查看计算机配置的方法通常有两种：通过硬件检测类软件或直接在系统中查看。这里主要介绍使用系统自带功能查看计算机软硬件配置的方法。

步骤①：选择桌面上"此电脑"图标，右击，在弹出的快捷菜单中选择"属性"选项，如图1-4-11所示。

步骤②：在打开的"系统"窗口中查看计算机的CPU和内存信息，如图1-4-12所示。

图1-4-11　打开"属性"对话框

图1-4-12　查看处理器、内存信息

步骤③：查看完毕后，选择左边的"设备管理器"选项，在弹出的"设备管理器"界面中选择"处理器"和"显示适配器"选项可以查看详细的CPU和显卡信息等，如图1-4-13所示。

图1-4-13　查看详细处理器等设备信息

提示：查看其他软件版本信息时，可通过"控制面板"下的"程序和功能"选项进行查看。

【项目总结】

本子项目主要介绍了计算机常见的一些基本操作：计算机开关机、键盘和鼠标的使用以及如何查看计算机软硬件配置等。

【课后习题】

项目 2 Windows 10 操作系统和环境设置

本项目是以"Windows 10 操作系统和环境设置"为例，介绍如何安装操作系统、安装及卸载常用应用软件、设置桌面背景、设置区域语言、设置用户账户等相关知识。

【情境描述】

当买回一台裸机，没有安装操作系统就无法正常使用计算机；或者当计算机安装的操作系统不符合用户要求时，就需要重新安装新版本的操作系统；还有当计算机系统崩溃时，此时无法进行任何操作，除了重装系统没有其他办法。除此之外，还有许多情况也需要安装或者重装操作系统。那么，什么是计算机操作系统？操作系统有哪些种类？如何安装操作系统？这些将是本项目的主要内容。

【问题提出】

（1）如何安装操作系统？
（2）如何进行 Windows 10 环境设置？
（3）在 Windows 10 操作系统环境下如何管理文件及文件夹？
（4）怎样提高文字录入速度？

【项目流程】

2.1 子项目一 安装计算机操作系统

【情境描述】

情境：刚上大学的扎西在买到计算机之后，发现计算机运行的是 Windows 7 操作系统，根据工作需要现在需要重新安装 Windows 10 操作系统，那么，如何安装 Windows 10 操作系统，又怎样卸载计算机上我们不需要的软件呢？

【问题提出】

（1）安装操作系统需要做的任务准备有哪些？

（2）如何安装 Windows 10 操作系统？

（3）安装应用软件的路径怎么选择？

（4）如何卸载应用软件？

2.1.1　任务一　安装 Windows 10 操作系统

【情境和任务】

情境：扎西购买的计算机安装的是 Windows 7 操作系统。但扎西对 Windows 7 操作系统的使用不熟悉，想换成自己熟悉的 Windows 10 操作系统，可是扎西从来没有安装过操作系统，那么应该如何安装操作系统呢？

任务：安装 Windows 10 操作系统。

【相关资讯】

1. 操作系统的概念、发展与分类

（1）操作系统的概念

操作系统（operation system，OS）是用于管理计算机全部硬件资源和软件资源，控制计算机程序运行，改善人机交互界面，为其他系统软件和应用软件提供支持的、最重要的系统软件。操作系统通常是最靠近硬件的一层系统软件，它通过图形、图像及命令的方式，使计算机系统的使用和管理更加方便，计算机资源的利用效率更高，上层的应用程序可以获得更多的支持。

（2）操作系统的发展与分类

从 1946 年第一台电子数字计算机诞生以来，操作系统的每一代都以减少成本、缩小体积、降低功耗、增大容量和提高性能为目标。计算机硬件的发展加速了操作系统的形成和发展。最初的计算机没有操作系统，人们通过各种按钮来控制计算机，后来出现了汇编语言，操作人员通过有孔的纸带将程序输入计算机进行编译。这些将语言内置的计算机只能由操作人员自己编写程序并运行，不利于程序、设备的共用。为了解决这个问题，人们开发出操作系统，这样就能实现程序的共用，以及对计算机硬件资源的管理。

经过几十年的发展，操作系统被广泛应用于计算机和各种电子设备中。计算机中常见的操作系统有 MS-DOS、Windows 系列、UNIX、Linux 等。

① MS-DOS：在 1981—1995 年，MS-DOS 是一个单用户、单任务的操作系统。DOS 非常实用，受到人们的普遍喜爱。1995 年，微软公司正式推出 Windows 95 视窗操作系统后，DOS才逐步淡出个人计算机操作系统市场。现在主要作为 Microsoft 图形界面操作系统。

② Windows：是由美国微软公司（Microsoft）研发的一套桌面操作系统，问世于 1985 年。起初是 MS-DOS 模拟环境，后续由于微软对其进行不断更新升级，提升易用性，使 Windows 成为应用最广泛的操作系统。

1995 年 8 月，微软公司正式发布 Windows 95 视窗操作系统，这是一款在微软公司历史上具有里程碑式意义的操作系统。相对于之前的版本，Windows 95 专注于桌面，并几乎对所有元素都引入图形按钮，可以说，Windows 95 开启了真正的图形界面时代。

进入 21 世纪，微软公司陆续推出 Windows XP、Windows 7、Windows 8 等多款操作系统。Windows XP 以 Windows 2000 的源代码为基础，具有稳定性、安全性、可管理性等优点。Windows 7 是继 Windows XP 之后推出的版本。Windows 7 使用了 WindowsServer 2003 的底层核心编码，继续保留了 Windows XP 整体优良的特性，受到了广大用户的青睐。与其他操作系统相比，Windows 7 在安全性、可靠性及互动体验性三大功能方面也更为突出和完善。

2014 年 10 月 1 日，微软在旧金山召开新品发布会，对外展示了新一代 Windows 操作系统，并将它命名为"Windows 10"，新系统的名称跳过了数字"9"。

2015 年 7 月 29 日，微软发布 Windows 10 正式版。与之前的操作系统相比，Windows 10 最大的特点是具有任务视图和多虚拟桌面。除此之外，它还具有自己的新增功能，如可与附近的设备共享图片、连接移动设备等。

③ UNIX：是一个通用的多用户分时系统，采用时间分片的方式对用户的服务请求予以响应，轮流为终端用户服务。UNIX 是一个开发性源代码系统，具有开放性、多用户、多任务环境和丰富的网络功能等特性。

④ Linux：全称为 GNU/Linux，是一种免费使用和自由传播的类 UNIX 操作系统，其内核由林纳斯·本纳第克特·托瓦兹于 1991 年 10 月 5 日首次发布，它主要受到 MINIX 和 UNIX 思想的启发，是一个基于 POSIX 的多用户、多任务、支持多线程和多 CPU 的操作系统。

（3）设置 BIOS 从 U 盘启动

在计算机上插入制作好的启动 U 盘，重启计算机时快速不间断地按 F12、F11、Esc 或 F7 等快捷键。下面是各种品牌主板、台式一体机的 U 盘启动热键一览表，根据不同的计算机品牌，选择对应的按键即可调出启动菜单选择界面，如表 2-1-1 所示。

表 2-1-1　U 盘启动热键一览表

组装机主板		品牌笔记本		品牌台式机	
主板品牌	启动按键	笔记本品牌	启动按键	台式机品牌	启动按键
华硕主板	F8	联想笔记本	F12	联想台式机	F12
技嘉主板	F12	宏基笔记本	F12	惠普台式机	F12
微星主板	F11	华硕笔记本	Esc	宏基台式机	F12
映泰主板	F9	惠普笔记本	F9	戴尔台式机	Esc
梅捷主板	Esc 或 F12	联想 Thinkpad	F12	神舟台式机	F12
七彩虹主板	Esc 或 F11	戴尔笔记本	F12	华硕台式机	F8
华擎主板	F11	神舟笔记本	F12	方正台式机	F12
斯巴达卡主板	Esc	东芝笔记本	F12	清华同方台式机	F12
昂达主板	F11	三星笔记本	F12	海尔台式机	F12
双敏主板	Esc	IBM 笔记本	F12	明基台式机	F8
翔升主板	F10	富士通笔记本	F12		
精英主板	Esc 或 F11	海尔笔记本	F12		
冠盟主板	F11 或 F12	方正笔记本	F12		
富士康主板	Esc 或 F12	清华同方笔记本	F12		
顶星主板	F11 或 F12	微星笔记本	F11		
铭瑄主板	Esc	明基笔记本	F9		
盈通主板	F8	技嘉笔记本	F12		
捷波主板	Esc	Gateway 笔记本	F12		

续表

组装机主板		品牌笔记本		品牌台式机	
Intel 主板	F12	eMachines 笔记本	F12		
杰微主板	Esc 或 F8	索尼笔记本	Esc		
致铭主板	F12				
磐英主板	Esc				
磐正主板	Esc				
冠铭主板	F9				

注：其他机型请尝试或参考以上品牌常用启动热键

　　这时会弹出"启动菜单"选择框，一般会显示 USB 字样或 U 盘的名称，如 Sandisk Cruzer Pop 1.26 或 KingstonData Traveler G2 1.00 或 General UDisk 5.00 或 USB HDD 选项，这些都是 U 盘启动项，其中带 UEFI 的是 UEFI 启动，不带 UEFI 的是 legacy 启动，选择你需要的 U 盘选项后按回车键。如果要在 UEFI 模式下装 Windows 8/Windows 10，必须选择带 UEFI 的选项，如图 2-1-1 所示。

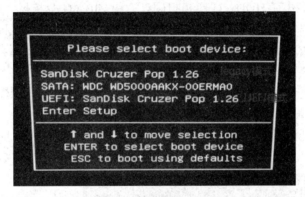

图 2-1-1　"启动菜单"选择框

【任务实施】

1. U 盘安装

　　步骤①：Windows 10 操作系统安装之前的设备基本配置。处理器 CPU 1 GHz 64 位处理器、显卡带有 WDDM 1.0 或更高版本驱动程序 Direct×9 图形设备、内存 2 GB 及以上、显示器要求分辨率在 1024×768 像素及以上或可支持触摸技术的显示设备、硬盘可用空间 20 G（主分区，NTFS 格式）。

　　步骤②：在安装系统前，请备份 C 盘上的重要数据，系统重装会格式化 C 盘。

　　步骤③：下载并运行云净装机大师，插入 U 盘等待软件成功读取到 U 盘之后，单击制作 U 盘启动盘。

　　步骤④：安装云净 U 盘启动盘制作工具。双击打开已下载好的安装包，单击窗口中"一键安装"按钮即可，如图 2-1-2 所示。

　　步骤⑤：等待安装完成后，可以单击"立即体验"按钮打开云净 U 盘启动盘制作工具，如图 2-1-3 所示。

图 2-1-2　单击"一键安装"按钮

图 2-1-3　安装完成后界面

步骤⑥：使用云净 U 盘启动工具制作启动 U 盘。打开云净 U 盘启动盘制作工具，将准备好的 U 盘插入计算机 USB 接口，等待软件自动识别所插入的 U 盘，这里使用默认参数即可制作出兼容所有计算机的 U 盘工具，如图 2-1-4 所示。

制作格式：制作格式有 HDD（U 盘模拟硬盘）和 ZIP（U 盘模拟大容量软盘）两种，ZIP 是早期计算机使用的格式，如果是近 10 年内的计算机，选择 HDD 格式即可。

分区格式：制作成启动盘后我们的 U 盘还是可以正常使用存储复制数据的，这里是选择可使用分区的文件系统格式，NTFS 支持单个文件超过 4 G 大小。

启动模式：系统需要由主板固件引导启动，目前有两种固件，即 BIOS 和 UEFI，只需选择 BIOS+UEFI 选项即可兼容所有计算机。

步骤⑦：单击"开始制作"按钮，这时会出现一个弹窗警告，如果 U 盘中有重要资料需要先备份，单击"确定"按钮，开始制作后所有数据都会被格式化，如图 2-1-5 所示。

图 2-1-4　云净 U 盘启动盘制作工具

图 2-1-5　弹窗警告

步骤⑧：制作过程大概需要 2 min，如果是 USB 3.0 U 盘 1 min 内即可制作完毕，如图 2-1-6 所示。

步骤⑨：U 盘启动盘制作完成后，会弹出新的提示窗口，可以单击"确定"按钮，测试 U 盘启动盘是否制作成功，如图 2-1-7 所示。

图 2-1-6 制作过程

图 2-1-7 制作完成

步骤⑩：若在模拟启动中看到如下界面，说明我们的 U 盘启动盘已制作成功（注意：模拟启动界面仅供测试使用，请勿进一步操作），最后按 Ctrl+Alt 组合键释放鼠标，单击右上角的"关闭"按钮退出模拟启动界面，如图 2-1-8 所示。

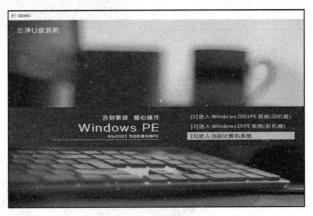

图 2-1-8 模拟启动界面

2. 使用 U 盘安装 Windows 10 系统

（1）将准备好的 Windows 10 系统镜像复制进 U 盘

将准备好的 Windows 10 系统镜像包存储到已做好的 U 盘启动盘根目录中，如图 2-1-9 所示。

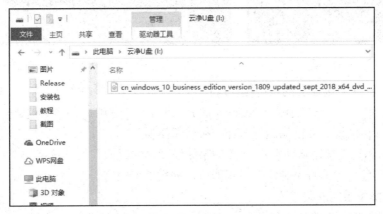

图 2-1-9 U 盘启动盘根目录

（2）启动U盘，进入PE维护系统

步骤①：将制作好的U盘插入USB接口，重启计算机后等待出现第一个开机画面时按启动快捷键。

步骤②：以联想电脑为例，开启启动键是F12。单击"找启动键"按钮，即可在云净U盘工具主界面查询对应品牌启动按键，如图2-1-10所示。

步骤③：在重启的第一个界面持续按多次启动快捷键，之后就会进入PE界面，如图2-1-11所示。

图2-1-10　开启启动键

图2-1-11　PE界面

步骤④：稍等就会进入启动项选择界面，选择"SanDisk"选项，即选择U盘启动，如图2-1-12所示。

步骤⑤：使用键盘上的↑、↓键选择接入的U盘，然后按回车键即可进入云净U盘工具菜单选择界面，如图2-1-13所示。

图2-1-12　启动项选择界面

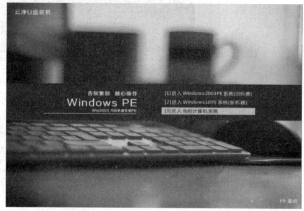

图2-1-13　U盘工具菜单选择界面

步骤⑥：同样使用键盘上的↑、↓键，选择PE系统（2008年前的计算机使用Windows 2003 PE系统，2008年后的计算机选择Windows 10 PE系统），选中后按回车键就会进入PE系统。

（3）进入PE系统后会自动运行云净一键装机工具

首先单击"浏览"按钮将保存在U盘的系统镜像添加进来，接着选择一个想安装的系统的分区（一般为C盘），单击"确定"按钮即可，如图2-1-14所示。

（4）选择操作系统安装版本

完成上述操作后进入确认配置页面，安装版本选择Windows 10专业版，如图2-1-15所示。

使用默认配置即可，单击"安装"按钮即可开始安装系统。

图 2-1-14　选择安装系统的分区　　　　图 2-1-15　确认配置页面

注意事项如下。

① GPT 分区格式的特性注定了其无法安装 32 位操作系统，如果安装了 32 位系统会出现计算机无法启动的情况，如果硬盘是 MBR 分区，则此处会显示 MBR，可以完美支持 32 位系统。

② 对于"添加引导"选项，软件已经智能为推荐最佳操作，若对启动原理不熟悉，使用软件默认设置即可，避免出现安装后无法启动的情况。

（5）等待安装完毕后重启

等待安装读条结束后会弹出对话框，自动倒计时重启。

2.1.2　任务二　安装 360 杀毒软件

【情境和任务】

情境：扎西同学在进行计算机学习的过程中，发现计算机上存储的一些前期收集的关于计算机基础知识的文件打不开了，根据已学知识，扎西知道这是计算机中病毒了，那么他该怎样查杀病毒？用哪个软件比较好呢？

任务：安装 360 杀毒软件。

【相关资讯】

360 杀毒是 360 安全中心出品的一款免费的云安全杀毒软件，具有查杀率高、资源占用少、升级迅速快等优点。与 360 安全卫士不同，360 杀毒主攻病毒查杀，而 360 安全卫士主攻计算机防护。

【任务实施】

步骤①：通过 360 杀毒官方网站"https://sd.360.cn/"下载最新版本的 360 杀毒安装程序。

步骤②：运行安装程序。选择好安装目录，并选中"阅读并同意 许可使用协议和隐私保护说明"复选框，然后单击"立即安装"按钮，如图 2-1-16 所示。

步骤③：安装完成后会显示安装完成窗口。然后单击"完成"或"打开"按钮，360 杀毒软件就安装成功了，如图 2-1-17 所示。

图 2-1-16　360 杀毒软件的安装　　　　　　图 2-1-17　360 杀毒软件的工作界面

2.1.3　任务三　卸载 360 杀毒软件

【情境和任务】

情境：扎西的计算机安装 Windows 10 操作系统之后，新系统很多东西都不熟悉，Windows 10
卸载界面找不到，在哪里卸载软件呢？

任务：卸载 360 杀毒软件。

【任务实施】

1. 卸载软件方法一

步骤①：单击桌面左下角的"开始"→"设置"按钮，如图 2-1-18 所示。

图 2-1-18　"设置"按钮

步骤②：在打开的"Windows 设置"界面中，选择"应用"选项，双击打开，如图 2-1-19
所示。

图 2-1-19　"Windows 设置"界面

步骤③：在"应用和功能"栏目中，可以看到已安装的软件，选择"360 杀毒"选项，单击右下角的"卸载"按钮，如图 2-1-20 所示。

图 2-1-20　卸载界面

2.卸载软件方法二

借助 360 软件管家、腾讯软件管家进行卸载，这里以 360 软件管家为例。打开该软件后，单击"卸载"按钮，然后找到 360 杀毒软件并单击"卸载"按钮，如图 2-1-21 所示。

图 2-1-21　360 软件管家中卸载程序

【项目总结】

本子项目主要介绍安装计算机操作系统的方法，以及安装应用软件及卸载计算机软件的方法等。

2.2　子项目二　Windows 10 的环境设置

【情境描述】

情境：扎西的计算机安装完操作系统和应用软件后，终于可以使用计算机了。扎西在使用计算机的过程中发现了一些问题，首先是怎么修改桌面背景与设置屏幕保护，还有就是当把自己的计算机借给同学使用后，发现自己的文件被修改或删除了，同时也存在隐私问题及安全问题。那么这些问题如何解决呢？

【问题提出】

（1）如何设置桌面背景和屏幕保护程序？

（2）如何设置区域和语言？

（3）如何设置用户账户及密码？

2.2.1　任务一　设置桌面背景与屏幕保护

【情境和任务】

情境：扎西在使用计算机的过程中，根据自己的需求和爱好，需要对计算机设置桌面背景与屏幕保护；扎西应该怎样重新更换桌面背景和屏幕保护呢？

任务：设置桌面背景与屏幕保护。

【相关资讯】

1.　设置计算机系统环境的两种方式

为了能更好地操作和使用计算机，用户需要了解并学会设置计算机的系统环境。Windows 10 提供了"控制面板"和"Windows 设置"两种不同的方式供用户对计算机的系统环境进行设置。通过这两种方式，用户可以对 Windows 10 的系统设置、账户管理、时间和语言等进行设置和管理。

2.　屏幕保护程序的作用

计算机中屏幕保护程序的作用很多，作用之一为省电，有的显示器在屏幕保护作用下屏幕亮度小于工作时的亮度，这样有助于省电；作用之二为保护显示器，在未启动屏保的情况下，长时间不使用计算机时，显示器屏幕长时间显示不变的画面，将会使屏幕发光器件疲劳变色，甚至烧毁，最终使屏幕某个区域偏色或变暗。

【任务实施】

1.　桌面背景设置

步骤①：单击"开始"→"设置"按钮，如图 2-2-1 所示。

步骤②：在弹出的"Windows 设置"界面中，选择"个性化"选项，双击打开，如图 2-2-2 所示。

图 2-2-1　"设置"按钮　　　　　　　　图 2-2-2　"Windows 设置"界面

步骤③：单击"锁屏界面"按钮，在"背景"选项卡下选择"图片"选项。也可选择"幻灯片放映"选项，"幻灯片放映"需要选择一个图库，而"图片"只需要选择一张图片。然后单击"浏览"按钮，从计算机中选择一张图片即可，如图 2-2-3 和图 2-2-4 所示。

图 2-2-3　锁屏界面

图 2-2-4　选择背景图片

2. 屏幕保护程序设置

步骤①：选择设置锁屏壁纸下面的"屏幕保护程序设置"选项，设置计算机的屏幕保护程序，如图 2-2-5、图 2-2-6 所示。

步骤②：在"屏幕保护程序设置"对话框中用户可以选择自己喜欢的屏保，这里选择"照片"作为屏保进行演示，如图 2-2-7 所示。

图 2-2-5　屏幕保护设置

图 2-2-6　"屏幕保护程序设置"对话框

图 2-2-7　选择"照片"选项

步骤③：单击"设置"→"浏览"按钮，选择一个有壁纸的文件夹，找到所需图片，单击"确定"→"保存"按钮，如图 2-2-8、图 2-2-9 所示。

图 2-2-8　屏幕保护程序设置窗口 1　　　　图 2-2-9　屏幕保护程序设置窗口 2

　　步骤④：设置完成之后，单击"确定"按钮，此时锁屏壁纸和屏幕保护都设置完成，如图 2-2-10 所示。

图 2-2-10　屏幕保护程序设置窗口 3

2.2.2　任务二　设置区域和语言

【情境和任务】

　　情境：扎西在使用计算机时，发现计算机上没有自己常用的输入法，导致扎西使用起来十分不方便，扎西应该怎么去解决这个问题呢？

　　任务：设置区域和语言。

【任务实施】

设置区域和语言的步骤如下。

步骤①：打开系统的"Windows 设置"界面，在设置界面中选择"时间和语言"→"区域和语言"选项，如图 2-2-11 和图 2-2-12 所示。

图 2-2-11　"Windows 设置"界面　　　　　图 2-2-12　"区域和语言"界面 1

步骤②：切换到"区域和语言"设置界面之后，首先在"国家或地区"选项下方找到区域下拉列表，对区域进行选择，如图 2-2-13 所示。

图 2-2-13　"区域和语言"界面 2

步骤③：在打开的区域下拉列表中，选择想要修改的区域即可，如图 2-2-14 所示。

图 2-2-14　"区域和语言"界面 3

步骤④：在语言设置模块，单击"添加语言"按钮，添加需要的语言，如图 2-2-15 所示。

步骤⑤：完成上述操作后，进入"选择要安装的语言"界面，此时滑动鼠标可以查看更多语言类型，如图 2-2-16 所示。

图 2-2-15　"区域和语言"界面 4

图 2-2-16　添加语言界面

步骤⑥：找到目标语言之后直接单击它就可以添加到语言列表了，这样在进行输入的时候就会自动出现这个语言的键盘类型，如图 2-2-17 所示。

步骤⑦：成功添加语言之后，单击右下角"语言栏"按钮，可以看到添加的这个语言的键盘选项，想要使用这个语言输入文字，直接单击即可切换，如图 2-2-18 所示。

图 2-2-17　"区域和语言"界面 5

图 2-2-18　输入法界面

2.2.3　任务三　设置用户账户

【情境和任务】

情境：扎西已经学会了更换桌面背景、设置屏幕保护程序、设置区域和语言等，计算机使用过程比较顺畅了。但当把计算机借给同学使用后，一些文件被删除，造成了一定的损失。同时也存在隐私问题及安全问题。扎西应该如何避免这样的事情再次发生呢？

任务：设置用户账户。

【任务实施】

1. 更改用户账户

步骤①：进入"Windows 设置"界面，选择"账户"选项，如图 2-2-19 所示。

图 2-2-19 "Windows 设置"界面

步骤②：在弹出的"账户"界面中可以查看当前登录用户的账户信息，如图 2-2-20 所示。

步骤③：选择左侧列表中的"其他人员"选项，可以在右侧的列表中查看其他用户的信息，单击"将其他人添加到这台电脑"按钮，可以添加账户，如图 2-2-21 所示。

图 2-2-20 "账户"界面

图 2-2-21 添加账户

步骤④：在弹出的"本地用户和组"对话框中选择 "用户"选项并右击，在弹出的快捷菜单中选择"新用户"选项，如图 2-2-22 所示。

步骤⑤：在弹出的"新用户"对话框中输入用户名、描述等基本信息，此时的用户名等信息均为"扎西"，在"密码"和"确认密码"框中输入账户登录密码，然后单击"创建"按钮，即可添加一个名为"扎西"的新用户。如果不需要设置登录密码，添加信息时"密码"和"确认密码"选项可以不填，如图 2-2-23 所示。

图 2-2-22 "新用户"选项

图 2-2-23 添加信息

步骤⑥：返回"本地用户和组"对话框，此时在"用户"列表中多了一个名为"扎西"的新用户，如图 2-2-24 所示。

图 2-2-24　显示用户账户

2. 设置、修改登录密码

步骤①：在"账户"界面，在左侧列表中选择"登录选项"选项，窗口右侧会显示该账户的信息、图片密码、PIN 码等选项，如图 2-2-25 所示。

步骤②：在列表中选择"密码"选项，如果该账户未设置登录密码，则会出现"你的账户没有密码。你必须添加一个密码，然后才能使用其他登录选项"提示信息，如图 2-2-26 所示。

图 2-2-25　"账户"界面

图 2-2-26　选择添加密码

步骤③：单击"添加"按钮，弹出"创建密码"对话框，输入两次密码和密码提示信息后，单击"下一步"按钮，完成登录密码设置，如图 2-2-27 所示。

图 2-2-27　"创建密码"界面

步骤④：回到"账户"窗口，会出现提示"你的账户密码已经设置完成，可以用来登录Windows、应用和服务"，同时下方将出现"更改"按钮。

步骤⑤：单击"更改"按钮，弹出"更改密码"对话框，输入原密码后单击"下一步"按钮，进入新密码的设置界面，如图 2-2-28 所示。

步骤⑥：按提示输入新的密码和密码提示后，单击"下一步"按钮即可完成密码的修改，如图 2-2-29 所示。

图 2-2-28　"更改密码"界面 1　　　　图 2-2-29　"更改密码"界面 2

【项目总结】

本子项目主要介绍了桌面背景与屏幕保护设置、设置区域和语言、设置用户账户以及设置密码等。

2.3　子项目三　文件管理与设置输入法

【情境描述】

情境：扎西在使用计算机的过程中发现了很多问题，如文件的命名不规则导致不能更改文件名称、系统文件与文件存放杂乱无章致使不方便查找、计算机运行速度越来越慢、输入法太多等问题，扎西应该如何解决这些问题呢？

【问题提出】

（1）下载的大量文件没有进行合理分类，如何管理？

（2）如何设置输入法？

（3）如何安装所需要的输入法？

2.3.1　任务一　文件管理

【情境和任务】

情境：扎西使用了一段时间计算机后，计算机上存放的文件越来越多。由于扎西没有对文件进行有序存放，计算机上的文件变得杂乱无章，使用时需要花费很长的时间寻找目标文件。同时，扎西发现计算机的运行速度明显变慢，扎西应该如何解决这些问题呢？

任务：文件管理。

【相关资讯】

1. 文件

文件是相关信息的集合，是存储在存储介质（如磁盘、光盘等）上的一组相关数据信息的集合，文件是 Windows 10 中最基本的信息存储单位。文件名称由主文件名和扩展名两部分构成，一般主文件名表示文件的名称，扩展名表示文件的类型。

2. 文件夹

文件夹是在计算机中存放的一组相关文件或文件夹的集合，文件夹没有扩展名。

3. 文件资源管理器

文件资源管理器是 Windows 10 中的一个重要工具，用于管理文件和文件夹。文件资源管理器如图 2-3-1 所示。该窗口中显示了计算机中所有经过分类的文件资源，按"下载""图片""视频""音乐"等进行分类归纳，单击对应的图标即可进行访问和管理。

图 2-3-1　文件资源管理器

4. 文件的命名

① 每个文件都有名称，文件名称由文件主名和扩展名（也称后缀名）组成，文件主名与扩展名之间用"."分隔开，如"setUp.exe"。

② Windows 系统对文件和文件夹的命名做了限制，文件名称中不能包含\、/、:、*、?、"、<、>、|共 9 个特殊字符，当输入非法的名称时会出现提示。

③ 主文件名可使用最多 255 个字符的长文件名（可包含空格），除了没有扩展名，文件夹的命名规则与文件的命名规则相同。

④ 扩展名标明了文件的类型，不同类型的文件用不同的应用程序打开，一些常用文件类型的扩展名如表 2-3-1 所示。

表 2-3-1　常用文件类型及其扩展名

文 件 类 型	扩 展 名
文本文件	txt、rtf
压缩文件	zip、rar
Office 文档	doc、docx、xls、xlsx、ppt、pptx
图片文件	bmp、gif、jpg、jpeg、png、tiff
声音文件	mp 3、mid、wav
视频文件	avi、mpg、rm、mkv

⑤ 操作系统为了便于对一些标准的外部设备进行管理,已经对这些外部设备做了专门的命名,因此用户不能使用这些设备名作为文件名,如表 2-3-2 所示。

表2-3-2 常见的设备名

设　备　名	含　　义	设　备　名	含　　义
CON	控制台:键盘/显示器	LPT1/PRN	第 1 台并行打印机
COM1/AUX	第 1 个串行接口	COM2	第 2 个串行接口

5. 常用的快捷键

计算机系统会提供一些常用的快捷键,用户通过键盘可以将英文字母、数字、标点符号等输入计算机中,从而向计算机发出命令、管理数据等。操作计算机时适当地使用快捷键,可以提高操作速度,从而提高工作效率。Windows 10 中常用的快捷键如表 2-3-3 所示。

表2-3-3 Windows 10 中常用的快捷键

快　捷　键	功　能　描　述
Alt+Tab	在最近打开的两个程序窗口之间切换
Alt+Esc	按照打开的时间顺序,在窗口之间循环切换
Ctrl+Esc 或 Win	打开"开始"菜单
Alt+空格键	打开控制菜单
Alt+F4	退出程序
Ctrl+Shift	在计算机安装的输入法之间切换
Ctrl+ Alt+Delete	打开任务管理器
Ctrl+A	全部选中
Ctrl+X	剪切
Ctrl+C	复制
Ctrl+V	粘贴
Ctrl+Z	撤销

【任务实施】

1. 新建文件和文件夹

在 Windows 10 中,用户可以通过双击"此电脑"图标打开文件资源管理器,以对计算机内的文件或文件夹进行管理。下面利用 Windows 10 的文件管理功能来管理文件资源。要求如下:在计算机的 D 盘中新建一个名为"社团"的文件夹,该文件夹中包含 3 个子文件夹,分别命名为"社团简介""社团资料""社团人员",如图 2-3-2 所示。

图 2-3-2　文件夹

步骤①:双击桌面上的"此电脑"图标,打开"此电脑"窗口,在窗口左侧的导航窗格中选择"本地磁盘 D:"选项,进入 D 盘根目录,在空白处右击,在弹出的快捷菜单中选择"新建"→"文件夹"选项,如图 2-3-3 所示,在"新建文件夹"的框内输入中文"社团"即可。

步骤②:如果想要修改文件夹的名称,则在文件夹名称上右击,在弹出的快捷菜单中选择"重命名"选项,重命名文件夹名称即可,如图 2-3-4 所示。

图 2-3-3　新建文件夹　　　　　　　　　图 2-3-4　重命名文件夹

步骤③：用相同的方法，完成其他文件夹的创建。

2．复制、剪切、粘贴文件和文件夹

步骤①：在"社团简介"文件夹中，单击选择"社团简介.docx"文件，右击，在弹出的快捷菜单中选择"复制"选项（或按 Ctrl+C 组合键）；然后打开目标文件夹"社团分类"，在空白处右击，在弹出的快捷菜单中选择"粘贴"选项（或按 Ctrl+V 组合键），即可将复制的文件粘贴到目标文件夹。

步骤②：在"社团资料"文件夹中，单击选择文件夹"社团历史"，右击，在弹出的快捷菜单中选择"剪切"选项（或按 Ctrl+X 组合键），打开目标文件夹"社团"，在空白处右击，在弹出的快捷菜单中选择"粘贴"选项。

步骤③：在文件夹"社团人员照片"上右击，在弹出的快捷菜单中选择"重命名"选项，将文件夹的名称改为"一寸照片"。

步骤④：打开文件夹"社团资料"，按住 Ctrl 键，连续选择内含的 2 个子文件夹，按下鼠标左键拖动到"计算机"左侧导航窗格中的"社团简介"文件夹上，释放鼠标。

提示：

① 在 Windows 中，对文件和文件夹的操作必须遵循的原则如下："先选择，后操作"。一次可以选择一个或多个文件或文件夹，选择后的文件或文件夹以突出方式显示。

② 选择一个文件（文件夹）或连续多个文件（文件夹），操作方法如下：先单击第一个要选择的文件，再按住 Shift 键，单击最后一个要选择的文件，这样就能快速选择这两个文件之间（含这两个文件）的多个连续的文件。如果是选择任意几个不连续的文件，则采用步骤④的方法，即按住 Ctrl 键，然后依次单击想要选择的文件。若是直接按 Ctrl+A 组合键，则自动将该磁盘内的所有文件（或文件夹）全部选择。另外，"编辑"菜单下还有一种"反向选择"命令，请读者自己尝试。

③ 除了采用组合键以及"编辑"菜单中的相关命令来进行剪切、复制、粘贴外，还可以通过选择目标对象后右击，在弹出的快捷菜单中选择相关命令来进行操作。

3．删除文件与回收站操作

步骤①：在"社团简介"文件夹中，选择文件"社团简介.docx"，按 Delete 键，在弹出的

"删除文件"对话框中单击"是"按钮，则该文件夹被删除（放在回收站中），选择文件夹"一寸照片"，按 Shift+Delete 组合键，可以永久性地删除此文件夹（不放在回收站中）。

步骤②：双击桌面上的"回收站"图标打开"回收站"，可以看到"回收站"中有刚才被删除的一个文件夹和一个 Word 文档，选择文件"社团简介.docx"，再单击"还原此项目"按钮，即可将该文件还原。

4. 设置文件夹属性

步骤①：选择"社团"文件夹，右击，在弹出的快捷菜单中选择"属性"选项，在"常规"标签下选中"隐藏"复选框，单击"确定"按钮，如图 2-3-5 所示。

步骤②：在弹出的"确认属性更改"对话框中，单击"将更改应用于此文件夹、子文件夹和文件"单选按钮，再单击"确定"按钮，如图 2-3-6 所示。这时文件夹的图标颜色变淡，然后在窗口空白处右击，在弹出的快捷菜单中选择"刷新"选项，"社团"文件夹隐藏完成。

图 2-3-5　设置文件夹属性

图 2-3-6　属性更改

步骤③：在菜单栏中选择"查看"→"选项"选项，如图 2-3-7 所示，在弹出的"文件夹选项"对话框中选择"查看"标签，再单击"显示隐藏的文件、文件夹和驱动器"单选按钮，然后单击"应用"按钮，即可显示隐藏的文件和文件夹，如图 2-3-8 所示。

图 2-3-7　文件管理

图 2-3-8　隐藏文件和文件夹

5. 显示/隐藏文件扩展名

"社团简介"文件夹里面的两个文件是没有扩展名的，如图 2-3-9 所示。因为 Windows 10 默认隐藏已知文件类型的扩展名。选择菜单栏中的"查看"→"选项"选项，在打开的对话框中选择"查看"标签，并取消选中"隐藏已知文件类型的扩展名"复选框，如图 2-3-10 所示。再次回到"社团简介"文件夹，我们发现文件夹中的两个文本文档的扩展名已经完整地显示出来了，如图 2-3-11 所示。

图 2-3-9　文件没有扩展名　　　　　图 2-3-10　取消选中"隐藏已知文件类型的扩展名"复选框

图 2-3-11　显示文件扩展名

6. 搜索文件与建立快捷方式

步骤①：在"此电脑"窗口中打开"本地磁盘 C:"，在窗口右上角的"搜索"栏中输入"calc.exe"，稍候一会儿便会出现搜索结果，如图 2-3-12 所示。

步骤②：在搜索结果中，先选择搜索到的文件"calc.exe"，再右击，在弹出的快捷菜单中选择"发送到"→"桌面快捷方式"选项，如图 2-3-13 所示。然后把桌面上的文件夹重命名为"我的计算器"即可。

图 2-3-12　搜索结果　　　　　　　　　图 2-3-13　创建桌面快捷方式

步骤③：重复上述步骤，为文件"notepad.exe"创建一个桌面快捷方式，并命名为"My 记事本"。

步骤④：选择"My 记事本"快捷方式，拖动到"开始"→"所有程序"→"启动"程序组中，然后释放鼠标，最后将桌面上遗留的"My 记事本"快捷方式删除。

2.3.2　任务二　设置输入法

【情境和任务】

情境：扎西的文件通过整理变得有条理了，计算机速度也恢复了正常，但是扎西却发现一个棘手的问题：在输入文档时发现自己常用的输入法找不到。扎西应该怎样将不需要的输入法删除，把自己需要的输入法添加进来呢？

任务：设置输入法。

【任务实施】

1. 添加中文输入法

步骤①：选择"开始"→"设置"→"时间和语言"选项，在打开的界面中选择"区域和语言"标签，然后在右侧窗口中单击选择语言首选项，下方会出现两个按钮："选项"和"删除"。单击"选项"按钮，进入"语言"窗口，如图 2-3-14 所示。

步骤②：窗口中显示了已经安装的输入法，用户可以根据需要进行管理。单击"添加键盘"按钮可以将系统中已经安装的输入法添加到该语言的输入键盘中，供用户切换调用。当不需要某输入法时可以删除。例如，不再需要"微软拼音"输入法时，在列表中选择"微软拼音"选项，再单击"删除"按钮即可，如图 2-3-15 所示。

图 2-3-14　单击"选项"按钮

图 2-3-15　输入法界面

2. 添加藏文输入法

步骤①：选择"区域和语言"选项，单击"添加语言"按钮，如图 2-3-16 所示。

步骤②：进入选择安装语言窗口，搜索藏文，找到该语言后选择下一步，进行安装即可，如图 2-3-17、图 2-3-18 所示。

图 2-3-16　"区域和语言"界面

图 2-3-17　选择语言

图 2-3-18　安装语言

步骤③：安装成功后，单击"添加"按钮，之后进入选择语言类型的界面，如图 2-3-19 所示。

步骤④：成功添加该语言之后，单击桌面右下角的"语言栏"按钮就可以看到添加的这个语言的键盘选项了，想要使用这个语言输入文字，直接单击即可切换使用，如图 2-3-20 所示。

图 2-3-19　选择语言类型界面

图 2-3-20　输入法界面

【知识扩展】

1. 搜狗拼音输入法的用法

① 输入法的切换。Ctrl+Shift 组合键可进行不同输入法之间的切换。Ctrl+空格组合键进行当前中文输入法和英文输入法之间的切换。

② 中英文切换。如果当前为中文输入状态，那么此时按 Shift 键就切换到英文输入状态，再按 Shift 键就会返回中文输入状态（用鼠标单击状态栏上面的中文图标也可以切换）。

除使用 Shift 键切换以外，搜狗拼音输入法也支持按"回车输入英文"和"V 模式输入英文"方式，具体使用方法如下。

❖ 所谓的"回车输入英文"，就是在中文输入状态下，输入英文字母后，直接按回车键输入英文即可。

❖ 所谓的"V 模式输入英文"，就是先输入"V"，然后再输入所需要的英文，可以包含@、+、*、/、-等符号，然后按空格键即可。

2. 如何快速打字

搜狗拼音输入法中，只需要输入一次生词，就会自动添加到搜狗词库中，下次再输入该词时就会直接出现。

① 第一次输入"林雨妍"，词库里没有这个词，默认出现的是其他词语，这时就需要输入全拼后再逐个字选择录入，如图 2-3-21 和图 2-3-22 所示。

图 2-3-21   输入全拼逐字选择   图 2-3-22   录入所需文字

② 第二次再输入"林雨妍"时，由于前面录入过一次，词库里面已经有了这个词，所以就会直接出现"林雨妍"三个字，不需要逐字选择，如图 2-3-23 所示。

③ 可以只输入"林雨妍"三个字的拼音缩写，如图 2-3-24 所示。拼音缩写就是只需输入词语的首字母的简拼方式，能够大大减少击键次数，大大提高打字速度。

图 2-3-23   自动出现录入过的词语   图 2-3-24   拼音缩写

【项目总结】

本子项目主要介绍了文件的管理、显示/隐藏文件扩展名、切换输入法及添加输入法等。

【课后习题】

项目3 计算机网络基础知识和基本操作

随着时代的进步和发展，计算机网络已经成为大学生日常生活的重要组成部分。计算机网络信息技术已经一点一滴地渗入人们的生活。随着电子邮件、QQ、微信等社交软件和主题网站的出现，各式各样便利的互联网工具逐渐走进了人们的日常生活，所以计算机网络对社会的整体面貌和人们的观念意识都产生了巨大的影响。在计算机网络支持下，通过点播、选学，学生想学什么就学什么，有问题也可以及时反馈，因而有了个体化、自主化的学习环境。

【情境描述】

扎西作为一个刚刚入职××市科技馆的高校毕业生，被安排明天将带领一群高中生参观互联网展馆，为了更好地完成此次领队讲解任务，扎西需要了解计算机网络的定义、计算机网络的发展、计算机网络的分类、家用路由器的配置等相关知识和技能。

【问题提出】

为了更好地带好此次参观团，扎西需对计算机网络如下知识有一个基本的了解。
（1）计算机网络的基本定义及发展历程。
（2）计算机网络的分类。
（3）IP 地址是什么？
（4）Internet 的一些基础应用有哪些，都是如何操作的？

【项目流程】

3.1 子项目一 计算机网络基础知识

【情境描述】

计算机网络近年来有了飞速的发展，计算机通信网络以及 Internet 已成为社会结构的基本组成部分。计算机网络被应用于工作、生活、学习、娱乐、银行等各个方面，深入人们的日常生活。扎西首先需要向参观团介绍计算机网络的定义、计算机网络的分类以及 TCP/IP 协议簇。

【问题提出】

（1）计算机网络究竟是什么？

（2）计算机网络是怎么发展的？

（3）怎么评价网络的好坏？

3.1.1　任务一　了解计算机网络的定义

【情境和任务】

情境：计算机网络已经与人们的生活密不可分，那么什么是计算机网络？人与人之间的关系网是不是计算机网络？超市收银系统是不是计算机网络？

任务：了解计算机网络的定义、子网和传输介质。

【任务实施】

计算机网络是指将地理位置不同的具有独立功能的多台计算机及其外部设备，通过通信线路连接起来，在网络操作系统、网络管理软件及网络通信协议的管理和协调下，实现资源共享和信息传递的计算机系统。网络关系如图 3-1-1 所示。那么接下来一起学习通信子网和资源子网的含义，以及一些常见的传输介质。

图 3-1-1　网络关系图

从以上定义不难看出，计算机网络由资源子网、通信子网两部分组成。

① 资源子网主要负责全网的信息处理和数据处理业务，向网络用户提供各种网络资源、网络服务和资源共享功能等。它主要包括网络中所有的主计算机、I/O 设备和终端、各种网络协议、网络软件和数据库等。

② 通信子网是指网络中实现网络通信功能的设备及其软件的集合，它的功能是把信息从一台主机传输到另一台主机。通信设备、网络通信协议、通信控制软件等属于通信子网，是网络的内层，负责信息的传输，主要为用户提供数据的传输、转接、加工、变换等。

3.1.2 任务二 按照覆盖范围分类的计算机网络

【情境和任务】

情境：互联网又称国际网络，指的是网络与网络之间串联组成的庞大网络。那么，不同网络按照覆盖范围划分时，可以划分成哪些网络？

任务：了解按照覆盖范围分类的计算机网络。

【任务实施】

按照计算机网络所覆盖的地理范围，计算机网络可以分为局域网（LAN）、城域网（MAN）和广域网（WAN）。那么接下来一起学习局域网、城域网、广域网的含义，以及它们之间又有哪些相同点和不同点。

1．局域网（LAN）

局域网又称局部网，是指在某一区域内由多台计算机互连成的计算机组，一般所涉及的地理范围只有几千米。局域网可以实现文件管理、应用软件共享、打印机共享、工作组内的日程安排、电子邮件和传真通信服务等功能。局域网是封闭型的，可以由办公室内的两台计算机组成，也可以由一个公司内的上千台计算机组成。局域网专用性非常强，具有比较稳定和规范的拓扑结构。局域网具有简单、灵活、组建方便、规模小、速度快、误码率低、可靠性高等优势。

2．城域网（MAN）

城域网是指在一个城市范围内所建立的计算机通信网络，属于宽带局域网。由于采用的是具有有源交换元件的局域网技术，网中传输时延较小，它的传输媒介主要采用光缆，传输速率在 100 Mbit/s 以上。城域网的一个重要用途是用作骨干网，通过它将位于同一城市内不同地点的主机、数据库，以及局域网等互相连接起来，这与 WAN 的作用有相似之处，但两者在实现方法与性能上有很大差别。

3．广域网（WAN）

广域网也被称为外网、公网，是连接不同地区局域网或城域网计算机通信的远程网。其通常跨接很大的物理范围，所覆盖的范围从几十千米到几千千米，能实现多个地区、城市和国家之间的远距离通信，或横跨几个洲，形成国际性的远程网络，但广域网并不等同于互联网。

局域网、城域网和广域网之间的区别如表 3-1-1 所示。

表 3-1-1 局域网、城域网、广域网的区别

属　　性	类　　型		
	局域网（LAN）	城域网（MAN）	广域网（WAN）
英文名称	local area network	metropolitan area network	wide area network
覆盖范围	10 km 以内	10～100 km	几十到几千千米
协议标准	IEEE 802.3	IEEE 802.6	IMP
结构特征	物理层	数据链路层	网络层
典型设备	集线器	交换机	路由器
终端组成	计算机	计算机或局域网	计算机、局域网、城域网

属　　性	类　　型		
	局域网（LAN）	城域网（MAN）	广域网（WAN）
特点	连接范围窄、用户数量少、配置简单	实质是一个大型局域网，传输速率高，技术先进，安全	主要提供面向通信的服务，覆盖范围广，通信距离远，技术复杂

3.1.3　任务三　按照网络拓扑结构分类的计算机网络

【情境和任务】

情境：计算机网络按照线路连接的逻辑结构不同，可以分成哪些不同的网络结构？

任务：了解按照网络拓扑结构分类的计算机网络。

【相关资讯】

计算机网络的拓扑结构是引用拓扑学中研究与大小、形状无关的点、线关系的方法。如果把网络中的计算机和通信设备抽象为一个点，把传输介质抽象为一条线，那么由点和线组成的几何图形就是计算机网络的拓扑结构。

【任务实施】

拓扑结构是借用数学上的一个词汇，从英文 topology 音译而来。拓扑学是数学中一个重要的、基础性的分支。它最初是几何学的一个分支，主要研究几何图形在连续变形下保持不变的性质，现在已成为研究连续性现象的重要数学分支。计算机网络的拓扑结构指网络传输介质和节点的连接形式，即线路构成的几何形状。

计算机网络的拓扑结构通常有 3 种，即总线型、环型和星型。应当说明的是，这 3 种形状是指线路连接原理，即逻辑结构，实际铺设线路时可能与画的形状完全不同。常见的拓扑结构如图 3-1-2 所示。那么接下来就一起看看这 3 种拓扑结构在实际应用中有哪些优缺点。

总线型　　　　　　　　环型　　　　　　　　星型

图 3-1-2　常见的 3 种网络拓扑结构

1. 总线型

总线型拓扑结构如图 3-1-3 所示。

由图 3-1-3 可以看出，该结构采用一条公共总线作为传输介质，每台计算机通过相应的硬件接口入网，信号沿总线进行广播式传送。最流行的以太网采用的就是总线型结构，以同轴电缆作为传输介质。

图 3-1-3　总线型拓扑结构

　　总线型的网络是一种典型的共享传输介质的网络。总线型局域网结构从信源发送的信息会传送到介质长度所及之处，能被其他所有站点看到。如果有两个以上的节点同时发送数据，就会造成冲突，就像公路上的车祸一样，如图 3-1-4 所示。

图 3-1-4　数据冲突

　　（1）总线型拓扑结构的主要优点

　　① 布线容易：无论是连接几个建筑物或是楼内布线，都容易施工安装。

　　② 增删容易：如果需要向总线上增加或撤下一个网络站点，只需增加或拔掉一个硬件接口即可实现。需要增加长度时，可通过中继器加上一个支段来延长距离。

　　③ 节约线缆：只需要一根公共总线，两端的终结器就安装在两端的计算机接口上，线缆的使用量最省。

　　④ 可靠性高：由于总线采用无源介质，结构简单，十分可靠。

　　（2）总线型拓扑结构的主要缺点

　　① 任何两个站点之间传送数据都要经过总线，总线成为整个网络的瓶颈，当计算机站点较多时，容易产生信息堵塞，传递不畅。

　　② 计算机接入总线的接口硬件发生故障，如拔掉粗缆上的收发器或细缆上的 T 形接头，会造成整个网络瘫痪。

　　③ 当网络发生故障时，故障诊断困难，故障隔离更困难。

　　总之，总线型拓扑结构投资小、安装布线容易、可靠性较高，是最常见的网络结构。

2．环型

环型拓扑结构为一封闭的环，如图 3-1-5 所示。

图 3-1-5　环型拓扑结构

连入环型网络的计算机也有一个硬件接口入网，这些接口首尾相连形成一条链路，信息传送也是广播式的，沿着一个方向（如逆时针方向）单向逐点传送。

（1）环型拓扑结构的主要优点

① 适用于光纤连接：环型是点到点连接，且沿一个方向单向传输，非常适合使用光纤作为传输介质。著名的 FDDI 网就采用双环拓扑结构。

② 传输距离远：环网采用令牌协议，网上信息碰撞（堵塞）少，即使不使用光纤，传输距离也比其他拓扑结构远，适用于主干网。

③ 故障诊断比较容易定位。

④ 初始安装容易，线缆用量少：环型结构实际也是一根总线，只是首尾封闭，对于一般建筑群，排列不会在一条直线上，二者传输距离差别不大。

（2）环型拓扑结构的主要缺点

① 可靠性差：除 FDDI 网之外，一般环网都是单环，网络上任何一台计算机的入网接口发生故障都会迫使全网瘫痪。FDDI 网采用双环后，遇到故障时有重构功能，虽然提高了可靠性，但付出的代价却很大。

② 网络的管理比较复杂，投资费用较高。

③ 重新配置困难：当环网需要调整结构时，如增、删、改某一个站点，一般需要将全网停下来进行重新配置，可扩性、灵活性差，造成维护困难。

3. 星型

星型拓扑结构如图 3-1-6 所示。

由图 3-1-6 可以看出，星型结构由一台中央节点和周围的从节点组成。中央节点可与从节点直接通信，而从节点之间必须经过中央节点转接才能通信。

中央节点有两类：一类是一台功能强大的计算机，它既是一台信息处理的独立计算机，又是一台信息转接中心，早期的计算机网络多采用这种类型；另一类中央节点并不是一台计算机，而是一台网络转接或交换设备，如交换机（switch）或集线器（hub），如今的星型网络

图 3-1-6　星型拓扑结构

拓扑结构大多是采用这种类型，由一台计算机作为中央节点已经很少采用了。一个比较大的网络往往采用几个星型组合成扩展星型的网络。

（1）星型拓扑结构的主要优点

① 可靠性高：对于整个网络来说，每台计算机及其接口发生故障时都不会影响其他计算机，不会影响网络，也不会造成全网瘫痪。

② 故障检测和隔离容易，网络容易管理和维护。

③ 可扩性好，配置灵活：增、删、改一个站点容易实现，与其他节点没有关系。

④ 传输速率高：每个节点独占一条传输线路，消除了数据传送堵塞现象。而总线型、环型的数据传送瓶颈都是在线路上。

（2）星型拓扑结构的主要缺点

① 线缆使用量大。

② 布线、安装工作量大：线缆管道粗细不均，大厦楼内布线管道设计、施工比较困难。

③ 网络可靠性依赖中央节点，若交换机或集线器设备选择不当，一旦出现故障就会造成全网瘫痪。通常，交换机、集线器这类设备结构很简单，不会出现故障。

实际的网络拓扑结构，可能是总线型、环型、星型；也可能是这 3 种结构的组合，如总线型加星型、星型加星型、环型加总线型、环型加星型等。

3.1.4　任务四　IP 地址的划分和配置

【情境和任务】

情境：上网前要设置 IP 地址、DNS 服务器地址等，就相当于寄信要写收信人地址，发送电子邮件要写收件人邮箱地址一样，不设置 IP 地址就无法找到信息传送的地址，邮局（即 DNS 服务器）也就无法将信息发送上网。所以，如果需要正常上网，就必须正确设置 IP 地址、DNS 服务器地址等信息。

任务：IP 地址的划分和配置。

【相关资讯】

1．TCP/IP 协议簇

TCP/IP 协议簇是一组协议的集合，也叫互联网协议簇，用来实现互联网上主机之间的相互通信。TCP 和 IP 只是其中的 2 个协议，也是很重要的 2 个协议，所以用 TCP/IP 来命名这个互联网协议簇。实际上，它还包括其他协议，如 UDP、ICMP、IGMP、ARP/RARP 等。

2．IP 地址

① IP 地址是指互联网协议地址，又译为网际协议地址。

② IP 地址就像是家庭住址一样，如果你要给一个人写信，你就要知道他（她）的地址，这样邮递员才能把信送到。计算机发送信息就好比是邮递员，它必须知道唯一的"家庭地址"，只有这样才不至于把信送错人家。只不过地址是用文字来表示的，计算机的地址用二进制数字表示。

③ IP 地址被用来给 Internet 上的计算机一个编号。大家日常见到的情况是每台联网的计算机上都需要有 IP 地址，然后才能正常通信。可以把个人计算机比作一台电话，那么 IP 地址就

相当于电话号码，而 Internet 中的路由器就相当于电信局的程控式交换机。

④ IP 地址由 4 个字段组成，每个字段是一个字节，一个字节是 8 位，最大值是 255。

⑤ IP 地址由两部分组成，即网络地址和主机地址。网络地址表示其属于互联网的哪一个网络，主机地址表示其属于该网络中的哪一台主机，二者是主从关系。

⑥ IP 地址的四大类型标识的是网络中的某台主机。IPv4 的地址长度为 32 位，共 4 个字节，但实际中用点分十进制记法。

⑦ IP 地址根据网络号和主机号不同，分为 A、B、C 三类及特殊地址（D、E 两类），如图 3-1-7 所示。全 0 和全 1 的都保留不用。

图 3-1-7　IP 地址分类

❖ A 类：（1.0.0.0～126.0.0.0，默认子网掩码：255.0.0.0 或 0xFF000000）第一个字节为网络号，后三个字节为主机号。该类 IP 地址的最前面为"0"，所以地址的网络号取值在 1~126 之间，一般用于大型网络。

❖ B 类：（128.0.0.0～191.255.0.0，默认子网掩码：255.255.0.0 或 0xFFFF0000）前两个字节为网络号，后两个字节为主机号。该类 IP 地址的最前面为"10"，所以地址的网络号取值在 128～191 之间，一般用于中等规模网络。

❖ C 类：（192.0.0.0～223.255.255.0，子网掩码：255.255.255.0 或 0xFFFFFF00）前三个字节为网络号，最后一个字节为主机号。该类 IP 地址的最前面为"110"，所以地址的网络号取值在 192～223 之间，一般用于小型网络。

❖ D 类：是多播地址。该类 IP 地址的最前面为"1110"，所以地址的网络号取值在 224～239 之间，一般用于多路广播用户。

❖ E 类：是保留地址。该类 IP 地址的最前面为"11110"，所以地址的网络号取值在 240~255 之间。

在 IP 地址 3 种主要类型里，各保留了 3 个区域作为私有地址，其地址范围如下。

❖ A 类地址：10.0.0.0～10.255.255.255。

❖ B 类地址：172.16.0.0～172.31.255.255。

❖ C 类地址：192.168.0.0～192.168.255.255。

回送地址：127.0.0.1 也是本机地址，等效于 localhost 或本机 IP，一般用于测试使用。例如，使用 ping 127.0.0.1 命令来测试本机 TCP/IP 是否正常。

各类 IP 地址范围如表 3-1-2 所示。

表 3-1-2　各类 IP 地址范围

类　　型	范　　围
A	0.0.0.0～127.255.255.255
B	128.0.0.0～191.255.255.255
C	192.0.0.0～223.255.255.255
D	224.0.0.0～239.255.255.255
E	240.0.0.0～247.255.255.255

【任务实施】

IP 地址是计算机极为重要的配置，接下来就一起学习如何为计算机配置 IP 地址。

步骤①：选择"开始"→"设置"→"网络和 Internet"选项，在弹出的窗口中单击"网络和共享中心"按钮，然后再单击"以太网 2"按钮，如图 3-1-8～图 3-1-11 所示。

图 3-1-8　选择"设置"选项

图 3-1-9　选择"网络和 Internet"选项

图 3-1-10　单击"网络和共享中心"按钮

图 3-1-11   单击"以太网 2"按钮

步骤②：在"以太网 2 状态"对话框中单击"属性"按钮，然后在弹出的"以太网 2 属性"对话框中选中"Internet 协议版本 4（TCP/IPv4）"复选框，如图 3-1-12 和图 3-1-13 所示。

步骤③：双击"Internet 协议版本 4（TCP/IPv4）"选项即可查看其属性，其中包含自动获得 IP 地址及手动配置 IP 地址两种方式，使用者可以根据要求选择合适的配置方式，如图 3-1-14 所示。

图 3-1-12   以太网状态

图 3-1-13   以太网属性

图 3-1-14   Internet 协议版本 4
（TCP/IPv4）属性

【项目总结】

本子项目主要介绍了计算机网络的定义及计算机网络的组成、计算机网络按照覆盖范围与拓扑结构的分类、IP 地址的定义和类型以及 IP 地址的配置。

3.2   子项目二   Internet 基础应用

【情境描述】

扎西为参观互联网展馆的高中生介绍了互联网的一些基本知识后，现在扎西同学准备结合自己的所学为所有同学简单演示 Internet 中的一些基础应用。

【问题提出】

（1）怎么设置家庭路由器？
（2）常用的网络命令怎么使用？
（3）浏览网页常用的小技巧。
（4）怎么使用电子邮箱？
（5）怎么安装与共享打印机？

3.2.1　任务一　家庭路由器的配置

【情境和任务】

情境：现在有越来越多的人介入互联网，并且随着移动终端的增多，对 Wi-Fi 的需求不断增强，现在最常用的构建家庭 Wi-Fi 的方式就是购买家用无线路由器构建家庭无线局域网。

任务：家庭路由器的配置。

【相关资讯】

1. 路由器

路由器（router，又称路径器）是一种计算机网络设备，它能将数据通过打包一个个网络传送至目的地（选择数据的传输路径），这个过程称为路由。路由器就是连接两个及以上不同类型网络的设备，路由工作在网络层。

2. 交换机

交换机（switch）是一种用于电信号转发的网络设备。它可以为接入交换机的任意两个网络节点提供独享的电信号通路。最常见的交换机是以太网交换机，其他常见的还有电话语音交换机、光纤交换机等。

3. MIMO 技术

MIMO（multiple-input multiple-output，多输入多输出系统）技术指在发射端和接收端分别使用多个发射天线和接收天线，使信号通过发射端与接收端的多个天线传送和接收，从而改善通信质量。它能充分利用空间资源，通过多个天线实现多发多收，在不增加频谱资源和天线发射功率的情况下，可以成倍地提高系统信道容量，显示出明显的优势，被视为下一代移动通信的核心技术。

【任务实施】

中国互联网络信息中心（CNNIC）发布的第 47 次《中国互联网络发展状况统计报告》显示，2020 年 12 月，我国网民规模达 9.89 亿，较 2020 年 3 月增长 8540 万，互联网普及率达 70.4%，较 2020 年 3 月提高 5.9 个百分点。如果按照这个增长速度发展，2021 年上半年，我国网民规模将突破 10 亿大关。我国人民的生活已经与互联网密不可分，从一个学生的日常学习到高考报名以及志愿填报，从学生的日常衣食住行到休闲娱乐，互联网已经成为每个学生乃至整个社会不可或缺的一种工具。那么，在营业厅办理好宽带业务且业务员帮忙把互联网连通到家里后，该如何完成后续工作，以便获得较好的网络体验呢？

　　如果你家宽带只有 3 台以下的计算机上网，那么可以直接从光猫的 LAN 接口连上网线直接上网（一般设备安装人员已经将光猫设置好，包括账号和密码）。但光猫一户只有一个，一般放置于房屋的弱电箱内，网络覆盖范围有限，很难满足用户全屋覆盖的需求，一般会在房间内增加路由器以满足家庭 Wi-Fi 覆盖的需求。接下来一起学习如何选购并设置路由器。

　　选购好路由器后，该怎么设置才能正常使用路由器？这里就以现在最常用的家用路由器为例，路由器可以将连入家庭的宽带共享给更多的设备使用，今天就一起来学习家用路由器的简单配置。

　　新购置的路由器一般包含一台路由器、一个电源适配器、一条网线。

1. 使用计算机设置路由器

　　步骤①：将路由器连接好，首先将电源适配器插在插线板上并与路由器连接好，将家庭宽带中光猫接口接上网线再接入路由器 WAN 口。

　　步骤②：连接路由器，使用网线将路由器 LAN 口与计算机连接。

　　步骤③：按照路由器说明书登录地址，打开浏览器，登录管理地址（本书以 TP-LINK AC1200 为例）"tplogin.cn"。进入管理页面。按照设置向导要求创建管理员密码，管理员密码为登录管理页面的密码，如图 3-2-1 所示。

图 3-2-1　登录界面

　　步骤④：创建完成管理员密码后，单击"确定"按钮，进入"上网设置"页面，在该页面可以选择上网方式，本书以自动获得 IP 地址为例，故选择"自动获得 IP 地址"选项，如图 3-2-2 所示。

图 3-2-2　选择上网方式

　　步骤⑤：上网设置选择完成后，将会跳转到"无线设置"页面，如图 3-2-3 所示，该路由器可以发射两个频段的信号，分别为 2.4 G 和 5 G，同时可以将两个频段整合，路由器会根据网络情况自动为终端选择最佳上网频段。在"无线设置"页面可根据个人需求选择是否将 Wi-Fi 多频合一功能打开，同时还可以设置 Wi-Fi 名称以及密码，Wi-Fi 名称为该路由器发射的 Wi-Fi 的名称，Wi-Fi 密码为连接该 Wi-Fi 的验证密码。

图 3-2-3　无线设置

步骤⑥：设置完成后系统会自动跳转到完成设置界面，如图 3-2-4 所示。

图 3-2-4　设置完成

2．使用手机设置路由器

随着家庭 Wi-Fi 的普及，使用移动终端上网已经成为越来越多人的选择，那么怎么使用手机设置路由器呢？其实不难，接下来一起学习如何通过手机设置路由器。

步骤①：将路由器与连接好外网的端口相连。

步骤②：打开手机 WLAN 设置，从可用 WLAN 列表中搜索到路由器对应的 Wi-Fi 名称，然后进行连接，Wi-Fi 名称可通过路由器背后的标注找到，一般情况下，该 Wi-Fi 为开放式 Wi-Fi（无密码）。

步骤③：打开手机浏览器，接下来的步骤就和用计算机版进行设置一样，这里不再赘述。

3．重置路由器

如果登录路由器的 Wi-Fi 密码及管理员密码均忘记了，那么这台路由器是不是就没用了？其实不是的，如果忘记密码，可以通过重置路由器来将路由器恢复默认状态，那么接下来就一起学习怎么重置路由器。

步骤①：将路由器通电，如图 3-2-5 所示。

图 3-2-5　接通路由器电源

步骤②：找到路由器的 RESET 按钮，使用工具长按 RESET 按钮，直至路由器所有指示灯全部亮起，亮起后释放 RESET 按钮，届时路由器将被重置。Wi-Fi 名称为记录在路由器背面的默认 Wi-Fi 名称，管理员密码将被删除，连接上 Wi-Fi 以后就可以按照上面所讲路由器的设置方法重新设置路由器，如图 3-2-6 所示。

图 3-2-6　重置路由器

3.2.2　任务二　Ping 命令的使用

【情境和任务】

情境：家庭网络调试好后，有没有什么办法可以测试网络是否正常？如果不正常，简单的问题能不能利用现有设备查询问题出在哪里？

任务：了解 Ping 命令的使用。

【相关资讯】

Ping（packet Internet groper）是一种因特网包探索器，用于测试网络连接量的程序。Ping 是工作在 TCP/IP 网络体系结构中应用层的一个服务命令，主要是向特定的目的主机发送 ICMP（Internet control message protocol，因特网报文控制协议）Echo 请求报文，测试目的站是否可达及了解其有关状态。

Ping 命令对确定网络是否正确连接，以及网络连接的状况十分有用。简单来说，Ping 就是一个测试程序，如果 Ping 运行正确，大体上就可以排除网络访问层、网卡、Modem 的输入输出线路、电缆和路由器等存在的故障，从而缩小问题的范围。

Ping 能够以毫秒为单位显示发送请求到返回应答之间的时间量。如果应答时间短，表示数据报不必通过太多的路由器或网络，连接速度比较快。

【任务实施】

1．Ping 命令的使用

Ping 命令是一个使用频率极高的实用程序，主要用于确定网络的连通性。

首先单击"开始"→"运行"按钮，在运行窗口中输入"cmd"命令，进入 DOS 窗口，然后在 DOS 窗口中输入"ping"命令，就会出现如图 3-2-7 所示界面。

图 3-2-7　Ping 命令的使用

提示：命令格式包括 Ping 主机名、Ping 域名、Ping IP 地址，这 3 个格式都是可以的。

2. Ping 命令的基本应用

一般情况下，用户可以通过使用一系列 Ping 命令来查找问题出在什么地方，或检测网络运行的情况。下面就给出一个典型的检测次序及对应的可能故障。

（1）Ping 127.0.0.1

如果测试成功，表明网卡、TCP/IP 协议的安装、IP 地址、子网掩码的设置正常；如果测试不成功，就表示 TCP/IP 的安装或设置存在问题。

（2）Ping 本机 IP 地址

如果测试不成功，则表示本地配置或安装存在问题，应当对网络设备和通信介质进行测试、检查并排除。

（3）Ping 局域网内其他 IP

如果测试成功，表明本地网络中的网卡和载体运行正常；但如果收到 0 个回送应答，就表示子网掩码不正确或网卡配置错误或电缆系统有问题。

（4）Ping 网关 IP

如果收到的应答正确，表示局域网中的网关路由器正在运行并能够做出应答。

（5）Ping 远程 IP

如果收到正确应答，表示成功使用了缺省网关。对于拨号上网用户，则表示能够成功访问 Internet。

如果上面所列出的所有 Ping 命令都能正常运行，那么计算机进行本地和远程通信基本上就没有问题了。

3. Ping 命令的常用参数选项

① Ping IP -t：连续对 IP 地址执行 Ping 命令，直到用户按 Ctrl+C 组合键中断。

② Ping IP -L2000：指定 Ping 命令中的特定数据长度（此处为 2000 B），而不是缺省的 32 B。

③ Ping IP -n 20：执行特定次数（此处是 20）的 Ping 命令。

4．使用 Ping 命令 Ping 百度的域名

步骤①：使用 Win+R 组合键或者在"开始"菜单中单击"运行"按钮，快速调出运行命令框输入"cmd"，单击"确定"按钮，会弹出 DOS 窗口。

步骤②：在 DOS 窗口内输入"ping www.baidu.com"后按回车键，如图 3-2-8 所示。

图 3-2-8　Ping 百度

103.235.46.39 便是百度的其中一台主机的地址，字节表示发送数据包的大小，默认为 32 B；时间表示从发出数据包到返回数据包所用的时间；TTL 表示生存时间值，该字段指定 IP 包被路由器丢弃之前允许通过的最大网段数量。

3.2.3　任务三　浏览器的使用

【情境和任务】

情境：网络连接好后便可以上网了，在使用浏览器浏览网页时需要注意什么呢？碰到自己感兴趣的网站该怎么保存它呢？

任务：使用浏览器。

【相关资讯】

浏览器是用来检索、展示以及传递 Web 信息资源的应用程序。Web 信息资源由统一资源标识符（uniform resource identifier，URI）所标记，它是一张网页、一张图片、一段视频或者任何在 Web 上所呈现的内容。使用者可以借助超级链接（hyperlinks），通过浏览器浏览互相关联的信息。

【任务实施】

1．浏览网页

其实连接好网络后，计算机就可以正常上网，要浏览网页，需要浏览器的帮助，在 Windows 10 系统里就自带 Microsoft Edge 浏览器，通过该浏览器，可以浏览因特网上的网页。以浏览学习强国官网为例进行讲解。

步骤①：在桌面上找到 Microsoft Edge 图标，双击打开，进入 Microsoft Edge 默认首页，如图 3-2-9 所示。

图 3-2-9　打开浏览器

步骤②：在 Microsoft Edge 浏览器的地址栏输入"www.baidu.com"后按回车键进入百度官网，如图 3-2-10 所示。

图 3-2-10　百度官网

步骤③：在百度搜索栏输入"学习强国"。

步骤④：在搜索出来的结果里，单击带有官方认证标志的网站"学习强国官方"，如图 3-2-11 所示，进入学习强国官网（如果知道学习强国官网地址，也可以直接在地址栏输入学习强国官网地址，进入学习强国网站）。

图 3-2-11　搜索学习强国官网

步骤⑤：至此就正式进入了学习强国官网，可以正常浏览学习强国网站，如图 3-2-12 所示。

图 3-2-12　学习强国官网

2. 添加收藏夹

各位同学请思考，如果下次再想快速进入学习强国官网，该怎么办呢？有同学会说，把学习强国官网的网址记住，下次再想浏览学习强国网页的时候，直接在浏览器地址栏输入网址就可以了。这不失为一种很好的方法，但是浏览器为了方便浏览网页，设置了一个叫"收藏夹"的功能，可以将在浏览网页时感兴趣的任何网址添加到收藏夹，以后再想访问该网址时，直接从收藏夹里找到该网址并单击就能访问。那么收藏夹功能怎么使用呢？接下来就以学习强国官网为例一起学习收藏夹功能的使用。

步骤①：打开学习强国官网，单击浏览器右上角"将此页面添加到收藏夹"按钮，如图 3-2-13 所示。

单击后会弹出"已添加至收藏夹"对话框，如图 3-2-14 所示，在对话框内，可以根据个人需求更改名称，也可以根据自己的需求把该网站收藏到自己命名的文件夹，方便自己查找。

图 3-2-13　单击"将此页面添加到收藏夹"按钮　　　　图 3-2-14　编辑收藏夹名称

步骤②：添加完成后，当以后需要再次打开该网站时，可以单击 Microsoft Edge 右上角的"收藏夹"按钮，如图 3-2-15 所示。进入收藏夹，在收藏夹里找到"学习强国"并单击它就能进入学习强国网站，如图 3-2-16 所示。

图 3-2-15　找到"收藏夹"按钮　　　　图 3-2-16　在收藏夹中找到"学习强国"

提示：各位同学请思考，如果收藏夹里面文件比较多，不方便找收藏的网站，那该怎么删除收藏的网址呢？

首先需要打开收藏夹，然后找到不需要保存的网址，选中该网址右击，在弹出的对话框中选择"删除"选项，就可以把该网址从收藏夹中删除了。

3.2.4　任务四　电子邮箱的使用

【情境和任务】

情境：电子邮箱是互联网提供的一项常用的非实时通信手段，它能实现与互联网上所有已知邮箱人员的通信，那么接下来就一起学习怎么使用电子邮箱。

任务：学会电子邮箱的使用。

【相关资讯】

1. 电子邮件

电子邮件（E-mail）是雷·汤姆林森于 1971 年对已有的传输文件程序以及信息程序进行研究而研制出的一套程序。

2. 电子邮箱

电子邮箱是指通过网络为用户提供交流的电子信息空间，既可以为用户提供发送电子邮件的功能，又能自动地为用户接收电子邮件，同时还能对收发的邮件进行存储，但在存储邮件时，电子邮箱对邮件的大小有严格规定。

【任务实施】

学会使用浏览器后，一起来学习怎么收发电子邮件。本任务以 163 邮箱为例，在收发电子邮件前必须有电子邮箱，如果没有可以注册电子邮箱。

1. 注册电子邮箱

步骤①：打开浏览器，登录网易官网"www.163.com"，在网页的右侧单击"注册免费邮箱"按钮进入注册窗口，如图 3-2-17 和图 3-2-18 所示。

图 3-2-17　网易官网　　　　　　　　　　图 3-2-18　网易邮箱官网

步骤②：网易邮箱共有 3 种邮箱，分别为 163 邮箱、126 邮箱以及雅虎（yeah）邮箱，如图 3-2-19 所示，选择任意一种邮箱注册即可。

步骤③：当出现提示注册成功后就说明邮箱已注册完成，可以正常使用该电子邮箱了，如图 3-2-20 所示。

图 3-2-19　注册网易邮箱　　　　　　图 3-2-20　注册成功

2.　电子邮箱的格式

在发送电子邮件前，自己要有电子邮箱且知道对方电子邮箱的地址。

电子邮箱地址由两部分组成，前面为注册的用户名，后面为提供邮箱服务的网站域名地址，如图 3-2-21 所示。

图 3-2-21　电子邮箱格式

3.　发送电子邮件

步骤①：打开电子邮箱网站，登录电子邮箱，现在以网易邮箱为例。需要打开 www.163.com 网址，单击"登录"按钮，打开登录界面，如图 3-2-22 所示。

步骤②：在邮箱登录界面输入账号和密码，然后单击"登录"按钮，如图 3-2-23 所示。

图 3-2-22　网易邮箱登录界面　　　　图 3-2-23　输入账号和密码

步骤③：登录邮箱后会进入个人电子邮箱首页，如图 3-2-24 所示。

图 3-2-24　网易个人邮箱首页

步骤④：单击个人邮箱左上角"写信"按钮，进入电子邮件编辑界面，如图 3-2-25 所示。

图 3-2-25　163 邮箱写信界面

步骤⑤：在收件人一栏填写完整的收件人电子邮箱地址，如图 3-2-26 所示。

图 3-2-26　填写收件人电子邮箱地址

步骤⑥：主题一栏填写该邮件的主题，如图 3-2-27 所示。

图 3-2-27　填写邮件主题

步骤⑦：如需添加附件，可单击"添加附件"按钮，如图 3-2-28 所示。在打开页面添加个人计算机内任意不超过附件规定大小的文件即可，如图 3-2-29 所示。

图 3-2-28 单击"添加附件"按钮

图 3-2-29 添加附件

步骤⑧：附件添加完毕后，可以在信件编辑区填写给对方留言的内容，如图 3-2-30 所示。

图 3-2-30 邮件正文

步骤⑨：所有内容填写完毕后，单击电子邮箱左下角的"发送"按钮，如图 3-2-31 所示。

图 3-2-31 发送电子邮件

步骤⑩：当出现发送成功页面时，说明电子邮件发送成功，如图 3-2-32 所示。

图 3-2-32 发送成功

4. 接收电子邮件

步骤①：打开电子邮箱网站，登录电子邮箱，前面已经讲解过如何登录，这里就不重复讲解了。

步骤②：进入个人电子邮箱界面，如图 3-2-33 所示。

图 3-2-33 个人邮箱首页

步骤③：单击"未读邮件"按钮，进入未读邮件界面，如图 3-2-34 所示。

图 3-2-34 未读邮件界面

步骤④：单击想查看的电子邮件就可完成电子邮件的收取。

3.2.5　任务五　共享打印机的使用

【情境和任务】

情境：网络能实现软件资源的共享，现在就以打印机为例，看看怎么通过网络将一台打印机共享给多人使用。

任务：学会共享打印机。

【相关资讯】

1. 资源和共享

① 资源是指网络中所有的软件、硬件和数据资源。

② 共享指的是网络中的用户都能够部分或全部地享用这些资源。例如，某些地区或单位的机票、酒店可供全网使用；某些单位设计的软件可供需要的地方有偿调用或办理一定手续后调用；一些外部设备，如打印机，可面向多用户，使不具有这些设备的地方也能使用这些硬件设备。

2. 资源共享

资源共享即多个用户共用计算机系统中的硬件和软件资源。在网络系统中终端用户可以共享的主要资源包括处理机时间、共享空间、各种软件设备和数据资源等。资源共享是计算机网络实现的主要目标之一。

【任务实施】

在现在的办公环境中，打印机已经成为不可或缺的一项工具。如果有一台打印机已正确连接并安装好了打印驱动，有几个人需要共用这台打印机，这时要怎么设置才能将本地的打印机共享给其他人使用呢？接下来一起学习共享打印机的操作。

1. 取消禁用 Guest 用户

步骤①：在"此电脑"图标上右击，在弹出的列表中选择"管理"选项，如图 3-2-35 所示。

步骤②：进入"计算机管理"界面，然后选择"本地用户和组"→"用户"选项，在右侧窗口中找到 Guest 用户，如图 3-2-36 所示。

图 3-2-35　选择"管理"选项　　　　图 3-2-36　找到 Guest 用户

步骤③：双击 Guest 选项，打开"Guest 属性"窗口，确保取消选中"账户已禁用"复选框，如图 3-2-37 所示。

图 3-2-37　禁用 Guest 用户

2. 共享目标打印机

步骤①：单击"开始"→"设置"→"设备"按钮，进入设备界面，如图 3-2-38 所示，然后选择"设备和打印机"选项，如图 3-2-39 所示。

图 3-2-38　设备界面

图 3-2-39　选择"设备和打印机"选项

步骤②：在弹出的窗口中找到要共享的打印机图标（前提是打印机已正确连接，驱动已正确安装），在该打印机图标上右击，选择"打印机属性"选项，如图 3-2-40 所示。

步骤③：切换到"共享"标签，选中"共享这台打印机"复选框，并且设置一个共享名（请记住该共享名，后面的设置可能会用到），如图 3-2-41 所示。

图 3-2-40　打印机界面

图 3-2-41　共享界面

3. 进行高级共享设置

步骤①：在桌面右下角系统托盘的网络连接图标上右击，选择"打开'网络和 Internet'设置"选项，如图 3-2-42 所示，在弹出的对话框中选择"网络和共享中心"选项，如图 3-2-43 所示。

图 3-2-42　选择"打开'网络和 Internet'设置"选项　　　　图 3-2-43　打开网络和共享中心

步骤②：选择界面中的"更改高级共享设置"选项，如图 3-2-44 所示。

步骤③：单击"无密码保护的共享"单选按钮，至此打印机的共享设置已完成，如图 3-2-45 所示。

图 3-2-44　选择"更改高级 共享设置"选项　　　　图 3-2-45　关闭密码保护共享

提示：如果是工作或专用网络，具体设置和上面的情况类似，相应地选择设置选项即可。

【项目总结】

本子项目主要介绍了路由器的设置、Ping 命令的使用、浏览器的使用、电子邮箱的使用、打印机的共享等知识与方法。

【课后习题】

项目 4　社团文档信息处理（Microsoft Word 2016）

本项目以"社团文档信息处理"为例，介绍如何使用 Word 2016 文字处理软件进行文档内容的输入与编辑、字体格式与段落格式的设置、图片和艺术字的插入与编辑、表格的制作、邮件合并功能的使用、长文档的处理等方面的相关知识。

【情境描述】

大学生社团是我国校园文化建设的重要载体，是我国高校第二课堂的引领者，也是大学生素质教育的重要组成部分，大学社团活动在拓展学生人际交往能力、领导能力、知识构成及自我认知和职业能力培养等方面发挥着无可替代的作用。

学生社团除了利用课余时间开展各种形式的活动，为了使社团稳定发展，同时使社团文化更好地传承下去，社团每年还需要开展招新活动。在开展招新活动时，社团要通过文字、图片等形式让广大学生了解自己的社团，并为报名的学生提供登记表，以方便收集信息和进行选拔。那么社团招新中的系列文档该如何制作、编辑呢？

【问题提出】

在整个招新活动中，我们遇到了以下问题。

（1）如何新建文档并录入信息？如何删除错误信息？

（2）如何调整社团简介中的字体格式和段落格式，以美化文本？如何在文档中插入组织结构图？

（3）如何调整文档中的图片与文字的环绕方式？如何将文字块放在指定的位置上？如何制作图文并茂、内容丰富的招新宣传海报？

（4）如何制作符合社团实际情况的报名表？

（5）如何使用邮件合并功能来批量制作录用通知单？

（6）如何制作带有封面、目录的活动总结？

（7）如何进行文档的修订？

【项目流程】

4.1　子项目一　社团简介的制作

【情境描述】

情境：多吉入校时，凭借自己在计算机操作方面的特长顺利加入了"老西藏精神学习与传承"社团，成为社团秘书处的一员。近期，社团指导老师张老师给多吉发了一份社团简介，要求多吉进行排版，并按照社团组成结构进行内容的补充。

【问题提出】

在社团简介的制作、排版过程中，我们遇到了以下问题。

（1）如何将未经排版的社团简介内容复制到一个新的文档中，以免在排版中因为操作失误导致原文档内容丢失？

（2）如何为正文和标题设置不同的字体格式和段落格式，以美化文本内容？

（3）如何为段落添加边框、底纹和项目符号？

（4）如何在文档中插入 SmartArt 图形？

（5）如何查看文档的打印效果并进行打印设置？

4.1.1　任务一　设置社团简介字体格式

【情境和任务】

情境：Word 软件最简单、最常见的用途就是编写文字类的文档。为了使文档内容条理清晰、页面内容美观大方，我们要为不同元素设置不同的效果。字体格式设置包括字体、字号、字形和字体颜色等格式的设置，那么如何为文档设置不同的字体格式呢？

任务：设置文档的字体格式。

【相关资讯】

1．Word 2016 操作界面介绍

Word 2016 是 Office 2016 中的重要组件之一，是由 Microsoft 公司推出的一款优秀的文字处理软件，被广泛应用于行政文秘、人力资源管理、市场营销、财务会计等相关工作领域。Word 操作界面主要包括标题栏、"文件"菜单选项卡、功能区、文档编辑区、状态栏和视图栏等，如图 4-1-1 所示。

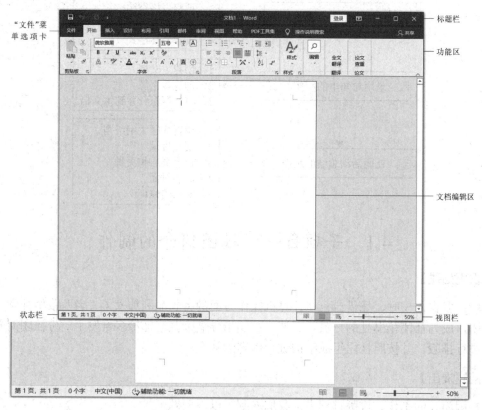

图 4-1-1　Word 2016 操作界面

① 标题栏：位于窗口的最上方，从左到右依次为快速访问工具栏、当前文档的名称和程序名称、"登录"按钮、"功能区显示选项"按钮和窗口控制按钮。

② "文件"菜单选项卡：通过该选项卡，可以打开"文件"菜单，其中包括"新建""打开""保存""信息""选项"等常用命令。

③ 功能区：该区域集合了各种重要的功能，分别分布在"开始""插入""设计""布局""引用""邮件""审阅"和"视图"选项卡中，每个选项卡由多个组组成。

④ 文档编辑区：窗口中正中央的位置是文档编辑区，是用户进行信息输入和编辑的工作区域。

⑤ 状态栏：用于显示文档编辑的状态信息，用户可根据实际需要自行进行设置。

⑥ 视图栏：包含视图切换按钮和显示比例调节工具。视图切换按钮用于切换当前文档的视

图方式，显示比例调节工具用于调节和显示当前文档的显示比例。

2．创建空白文档

创建空白文档是我们在使用 Word 时最频繁的操作之一，在 Word 2016 中创建空白文档的操作如下。

步骤①：启动 Word 2016 程序，选择"新建"→"空白文档"选项，如图 4-1-2 所示。

步骤②：完成以上操作，即可创建一个空白文档，如图 4-1-3 所示。

图 4-1-2　创建空白文档

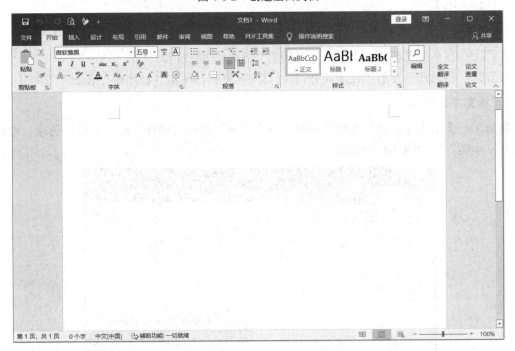

图 4-1-3　空白文档

3．保存文档

在要保存的新建文档中，单击快速访问工具栏中的"保存"按钮，在弹出的"另存为"对话框中设置文档的存放位置和文件名称，然后单击"保存"按钮即可保存当前文档。

4．文本的选择

将光标插入点定位到需要选择的文本的开始位置，然后按住鼠标左键不放，拖动鼠标至需要选择的文本的结尾处，然后释放鼠标。

选择词组：将光标插入点定位到要选择的词语的开始位置或中间，双击。

5. 文本的复制、粘贴

① 通过功能区执行复制/粘贴操作：选中需要复制的文本，单击"开始"→"剪贴板"组→"复制"按钮，如图 4-1-4 所示；然后将光标插入点定位到需要粘贴的目标位置，单击"开始"→"剪贴板"组→"粘贴"按钮，如图 4-1-5 所示；通过上述操作便可将所选内容进行复制/粘贴。

图 4-1-4　复制按钮　　　　　图 4-1-5　粘贴按钮

② 通过快捷键执行复制、粘贴操作：选中文本后，按 Ctrl+C 组合键，可快速对所选文本进行复制操作；将光标插入点定位到需要粘贴的目标位置，按 Ctrl+V 组合键，可快速实现粘贴操作。

【任务实施】

1. 创建社团简介文档

步骤①：在桌面上新建一个名为"社团简介.docx"的文档。

步骤②：将教师分发的"社团简介-素材"内容复制粘贴到"社团简介.docx"文档中。

2. 设置字体格式

步骤①：选中正文内容，选择"开始"→"字体"组→"字体"和"字号"选项，设置为"宋体，小四"，如图 4-1-6 所示。

图 4-1-6　字体、字号设置

步骤②：选中文字"老西藏精神学习与传承社团简介"，选择"开始"→"字体"组→"字体"和"字号"选项，设置为"微软雅黑""三号"；单击"开始"→"字体"组→"功能扩展"按钮 ，在弹出的"字体"对话框中设置"高级"选项卡中的字符间距为"加宽""1 磅"，单击"确定"按钮，如图 4-1-7 所示。

图 4-1-7　"字体"对话框

步骤③：选中文字"社团工作宗旨"、"社团组织机构"和"社团活动概况"，将该内容字体格式设置为"黑体，四号"。

步骤④：选中文字"谭冠三纪念园义务讲解"、"开展各类主题教育活动"和"组织特色读书会"，将该内容字体格式设置为"宋体，小四，加粗"。

4.1.2　任务二　设置社团简介段落格式

【情境和任务】

情境：一篇好的文档必定有一个好的段落格式，段落格式也是文档排版中主要操作的对象之一。通常，我们在书写或排版时，标题要居中，段落首行需要缩进两个字符。那么如何为文档的不同段落设置不同的格式呢？

任务：设置文档的段落格式。

【相关资讯】

1. 段落对齐方式

段落对齐方式是指段落在页面上的分布规则，分为水平对齐方式和垂直对齐方式。其中，水平对齐方式是常用的段落格式之一。水平对齐方式主要包括左对齐、居中、右对齐、两端对齐和分散对齐。

① 左对齐：使内容与左边距对齐，通常用于正文文本排版。

② 居中：使内容以页面中间为基准对齐，通常用于封面、引言等，有时也用于标题。

③ 右对齐：使内容与右边距对齐，通常用于一小部分内容，如页眉或页脚中的文本。

④ 两端对齐：使内容在边距之间均匀分布，当各行之间的字体大小不同时，Word 会自动调整字符间距。

⑤ 分散对齐：使内容在边距之间均匀分布，如果段落中的最后一行较短，将在字符之间添加额外空格，使内容填满页面。

2. 段落缩进方式

段落的缩进方式有左缩进、右缩进、首行缩进和悬挂缩进 4 种。

① 左缩进：指整个段落与左侧页边距的缩进量。

② 右缩进：指整个段落与右侧页边距的缩进量。

③ 首行缩进：指段落中第一行第一个字符与左侧页边距的缩进量。

④ 悬挂缩进：指段落中除了首行以外的其他行与左侧页边距的缩进量。

3. 段落间距

段落间距是指相邻两个段落之间的距离。

4. 段落行距

段落行距是指段落中相邻两行之间的距离。

5. 项目符号

项目符号是指添加在段落前的符号，一般用于并列关系的段落。

6. 项目编号

项目编号是指添加在段落前的编号，一般用于具有一定顺序或层次结构的段落。

7. 格式刷

格式刷是一种快速应用格式的工具，能够将某文本对象的格式复制到另一个对象上，从而避免重复设置格式的麻烦。

【任务实施】

1. 设置段落格式

步骤①：选中文字"老西藏精神学习与传承社团简介"，单击"开始"→"段落"组→"功能扩展"按钮 ，在弹出的"段落"对话框中的"缩进和间距"选项卡中设置对齐方式为"居中"，段落间距为段前"0.5 行"和段后"0.5 行"，单击"确定"按钮，如图 4-1-8 所示。

步骤②：选中正文，单击"开始"→"段落"组→"功能扩展"按钮 ，在弹出的"段落"对话框中的"缩进和间距"选项卡中设置缩进方式为首行缩进 2 字符，段落行距为固定值 28.8 磅，单击"确定"按钮，如图 4-1-9 所示。

图 4-1-8 "段落"对话框

图 4-1-9 "段落"对话框

步骤③：选中文字"社团工作宗旨""社团组织机构"和"社团活动概况"，将其段落间距设置为段前"0.5 行"和段后"0.5 行"。

2．为标题添加编号

选中文字"社团工作宗旨"、"社团组织机构"和"社团活动概况"，单击"开始"→"段落"组→"编号"下拉按钮，在弹出的下拉列表中选择相应的编号样式，如图 4-1-10 所示。

3．为标题设置字体颜色和底纹

步骤①：选中文字"社团工作宗旨"，单击"开始"→"段落"组→"边框"下拉按钮，在弹出的下拉列表中选择"边框和底纹"选项，如图 4-1-11 所示，在"边框和底纹"对话框中的"底纹"选项卡中单击"填充"下拉按钮，在弹出的下拉列表中选择底纹颜色"蓝色，个性色 1"，并应用于"段落"，如图 4-1-12 所示；最后单击"开始"→"字体"组→"字体颜色"下拉按钮，在弹出的下拉列表中选择"白色，背景 1"。

图 4-1-10　编号下拉列表　　图 4-1-11　边框下拉列表　　　图 4-1-12　"边框和底纹"对话框

步骤②：选中文字"社团工作宗旨"，单击"开始"→"剪贴板"组→"格式刷"按钮，当鼠标指针呈刷子形状时，按住鼠标左键不放，然后拖动鼠标选中文本"社团组织机构"和"社团活动概况"，使被拖动的文本与"社团工作宗旨"应用相同格式。

4.1.3　任务三　插入 SmartArt 图形

【情境和任务】

情境：在这份社团简介中，我们需要将社团的组织机构及各部门之间的关系罗列出来，如果只是用文字描述，不利于读者快速理解，那么如何在 Word 中制作组织结构图呢？

任务：制作社团组织结构图。

【相关资讯】

SmartArt 图形是信息和观点的视觉表示形式，用户可以在多种布局中选择创建 SmartArt 图形，从而快速、轻松、有效地传达信息。

【任务实施】

1．插入水平组织结构图

步骤①：将光标插入点定位在需要插入 SmartArt 图形的位置。

步骤②：选择"插入"→"插图"组→"SmartArt"选项，在弹出的"选择 SmartArt 图形"对话框中选择"层次结构"→"水平组织结构图"选项，单击"确定"按钮，如图 4-1-13 所示。

图 4-1-13　"选择 SmartArt 图形"对话框

2．调整组织结构图

步骤①：在插入的图形中，选中不需要的形状，按 Delete 键将其删除；然后选中左侧第一个形状，单击"SmartArt 工具/设计"→"创建图形"组→"添加形状"下拉按钮，在弹出的下拉列表中选择"在上方添加形状"选项，如图 4-1-14 所示。

图 4-1-14　添加形状界面

步骤②：选中右侧第一个形状，单击"添加形状"下拉按钮，在弹出的下拉列表中选择"在后面添加形状"选项，添加完成后效果如图 4-1-15 所示。

图 4-1-15　SmartArt 图形结构调整后效果图

3. 录入文本并为组织结构图设置格式

步骤①：录入文本内容。

步骤②：选中 SmartArt 图形，单击"SmartArt 工具/设计"→"SmartArt 样式"组→"更改颜色"下拉按钮，在弹出的列表中选择"个性色 1-彩色轮廓-个性色 1"选项。

步骤③：选中所有形状，单击"SmartArt 工具/格式"→"形状"组→"更改形状"下拉按钮，在下拉列表中选择"流程图：可选过程"选项，如图 4-1-16 所示；然后，单击"SmartArt 工具/格式"→"形状样式"组→"形状轮廓"下拉按钮，在下拉列表中设置"粗细"为 0.75 磅，最终效果如图 4-1-17 所示。

图 4-1-16　更改形状界面

图 4-1-17　组织结构效果图

4.1.4 任务四 打印文档

【情境和任务】

情境：为了让社团成员第一时间了解社团的情况，张老师让多吉把完善后的简介发给社团的所有成员浏览，但很多学生没有计算机，不方便查看邮件，于是多吉需要把社团简介打印出来，多吉该如何完成这项工作呢？

任务：打印文档。

【相关资讯】

打印预览是指通过"打印预览和打印"按钮，预先查看文档的打印效果。通过打印操作，可将文档内容输出到纸张上，常用的打印方法有直接打印、指定页面内容打印、选中内容打印和在一页纸上打印多页内容。

【任务实施】

文档打印的操作步骤如下。

步骤①：单击"文件"菜单中的"打印"选项。

步骤②：在"打印机"下拉列表中选择可以执行打印任务的打印机，如图4-1-18所示。根据实际需要，还可以对"份数""页数"等进行设置。

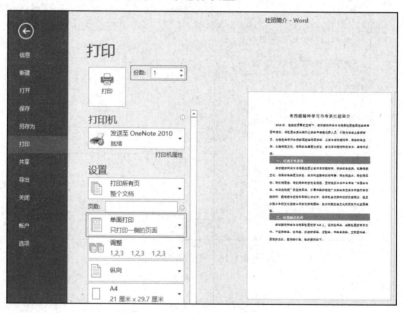

图 4-1-18　打印预览界面

【项目总结】

本子项目主要介绍了字体格式设置、字符间距设置、段落基本格式设置、段落底纹设置、项目编号和项目符号的使用、SmartArt 图形的插入与编辑等操作，通过完成制作社团简介项目，可以了解 Word 2016 界面的组成，掌握创建文档及编辑文档内容格式的基本方法。

在进行文字排版时，必须先将要操作的对象选中，再进行相关格式的设置。

为文档设置合适的字体、段落格式，可以使文档符合规范，并且使文档的版面看起来层次分明，更加美观。在生活中，应多观察不同文档的版面风格，以便制作出更符合规范的文档。

【知识拓展】

1．自定义快速访问工具栏

快速访问工具栏位于标题栏的左侧，通常用于显示常用的工具按钮，默认显示的按钮有"保存"🖫、"撤销键入"↶和"重复键入"↷。在使用过程中，也可以根据操作习惯，将其他常用的按钮添加至快速访问工具栏中。

（1）添加下拉菜单中的命令

单击快速访问工具栏右侧的下拉按钮▾，在弹出的下拉菜单中单击需要添加的操作按钮，即可将其添加到快速访问工具栏中。

（2）添加功能区中的命令

在功能区中选中要添加的按钮，右击，在弹出的快捷菜单中选择"添加到快速访问工具栏"选项。

2．保存文档

在编辑文档的过程中，边做边保存是非常重要的一个操作，如果没有对编辑的内容进行保存，则该部分内容将会丢失。

对原有文档进行编辑后，可以直接按 Ctrl+S 组合键，或者单击"保存"按钮进行保存。

如果需要将编辑后的文档以新的文件名保存在原有路径或新路径，可以直接按 F12 功能键或者选择"文件"菜单中的"另存为"选项，在弹出的对话框中设置文档的名称、保存的位置和文件类型即可。

3．选择文本

若要对文档中的文本进行操作，必须先选中需要操作的文本对象。在文档编辑时，通常使用鼠标来选择文本，也可以使用键盘或者鼠标+键盘结合的方式来选择文本。

（1）使用鼠标选择文本

① 选择一行：将鼠标指针指向某行左边的空白处，当指针呈⟋形状时，单击即可选中该行的文本。

② 选择多行：将鼠标指针指向左边的空白处，当指针呈⟋形状时，按住左键不放并向下或向上拖动，到文本目标处后释放鼠标，即可选中多行。

③ 选择段落：将鼠标指针指向某段落左边的空白处，当指针呈⟋形状时，双击即可选中当前段落。

④ 选择全文：将鼠标指针指向编辑区左边的空白处，当指针呈⟋形状时，连续三次单击即可选中整篇文档。

（2）使用键盘选择文本

❖　Shift+→组合键：选中光标插入点所在位置右侧的一个或多个字符。

❖　Shift+←组合键：选中光标插入点所在位置左侧的一个或多个字符。

❖　Shift+↑组合键：选中光标插入点所在位置至上一行对应位置处的文本。

❖　Shift+↓组合键：选中光标插入点所在位置至下一行对应位置处的文本。

4.2　子项目二　宣传海报的制作

【情境描述】

大学生社团是校园文化建设的重要载体，为保证社团生活的多样性和丰富性，老西藏精神学习与传承社团准备吸纳一批新鲜的血液。为达到良好的宣传效果，使社团能够招募到更多人才，多吉要制作一张社团招新的宣传海报。

【问题提出】

在制作社团招新的宣传海报时，我们遇到了以下问题。

（1）如何将页面改为横向？

（2）如何让标题看起来艺术化？

（3）如何将文字块放在指定的位置上？

（4）如何将页面中的文字分成两栏？

（5）如何在文字中插入图片？

（6）如何在文档中插入形状？

4.2.1　任务一　页面设置

【情境和任务】

情境：当我们对文档进行排版时，所有的操作都是在页面中完成的，页面的大小、方向、页边距等直接决定了页面中内容的多少及位置。那么如何设置页边距、纸张方向和页面背景呢？

任务：页面设置。

【相关资讯】

1. 页边距

页边距是指版心的 4 个边缘与页面的 4 个边缘之间的区域。版心的大小决定了可以在一页中输入的内容量，而版心大小是由页面大小和页边距大小决定的。

① 版心的宽度=纸张宽度-左边距-右边距。

② 版心的高度=纸张高度-上边距-下边距。

2. 纸张方向

纸张的方向主要包括"纵向"和"横向"两种，纵向为 Word 文档的默认方向，用户可根据需要自行设置适合的纸张方向。

【任务实施】

1. 设置页边距

步骤①：在桌面上新建一个名为"社团招新海报.docx"的文档。

步骤②：打开"社团招新海报.docx"文档，单击"布局"→"页面设置"组→ "功能扩展"按钮 🔲，如图 4-2-1 所示。

步骤③：在弹出的"页面设置"对话框中，单击"页边距"选项卡，在"页边距"栏中通过"上""下""左""右"微调框设置上下边距各为 1.5 厘米，左右边距各为 2.5 厘米，在"纸张方向"栏中设置纸张为"横向"；单击"确定"按钮即可，如图 4-2-2 所示。

图 4-2-1　"布局"选项卡　　　　　　　图 4-2-2　"页面设置"对话框

2. 设置页面背景

将光标定位在页面中，单击"设计"→"页面背景"组→"页面颜色"下拉按钮，在弹出的下拉列表中选择"白色，背景 1，深色 5%"选项，如图 4-2-3 所示。

图 4-2-3　页面颜色下拉列表

提示：Word 默认的页面背景颜色为白色，除了为页面设置纯色填充效果，还可以根据需要进行渐变填充、纹理填充、图案填充和图片填充。操作方法如下。

步骤①：单击"设计"→"页面背景"组→"页面颜色"下拉按钮，在弹出的下拉列表中选择"填充效果"选项。

步骤②：在"填充效果"对话框中，切换到某个选项卡，便可设置对应的填充效果。

4.2.2　任务二　制作海报的第一版面

【情境和任务】

情境：海报设计是视觉传达的表现形式之一，主要目的是通过版面的构成在第一时间内吸引观众的目光。在招新海报中，为了使标题更加醒目，多吉决定使用艺术字来制作海报标题，并且配合图片、形状和文字，丰富海报画面。

任务：制作海报的第一版面。

【相关资讯】

1. 艺术字

艺术字是一种特殊的图形，它以图形的方式来展示文字，具有美观有趣、易认易识、醒目张扬等特性，广泛应用于宣传、广告、商标、标语、黑板报、企业名称、会场布置、展览会、商品包装和装潢、报刊和书籍的装帖上等。

在制作海报、广告宣传等类型的文档时，通常会使用艺术字作为标题，以达到强烈、醒目的外观效果。之所以选择艺术字作为海报的标题，是因为艺术字在创建时就具有特殊的字体效果，可以直接使用而无须做太多额外设置。

2. 字体

字体是指文字的外观形态，如宋体、楷体、黑体等。对文本设置不同的字体，显示出的效果也就不同。

3. 文本框

文本框是指在 Word 中一种可移动、可调大小的文字或图形容器。在编辑与排版文档时，文本框是最常用的对象之一。若要在文档的任意位置插入文本，一般通过插入文本框来实现。

Word 提供了多种内置样式的文本框，用户可以直接插入使用。插入内置文本框时，不同的文本框样式带有不同的格式。如果需要插入没有任何内容提示和格式设置的空白文本框，可手动绘制文本框。

4. 形状

Word 中的形状有线条、矩形、基本形状、箭头等，为满足用户在制作文档时的不同需要，用户可从不同类别中找到需要使用的形状。

5. 图片格式

Word 的图片功能非常强大，可以支持的图片格式有 jpg、jpeg、wmf、png、bmp、gif、tif、eps、wpg 等。

6. 图片环绕方式

Word 提供了嵌入型、四周型、紧密型、穿越型、上下型、衬于文字下方和浮于文字上方 7 种文字环绕方式，不同的环绕方式可以为读者带来不一样的视觉感受。

在文档中插入图片的默认版式为嵌入型，该版式类型的图片的行为方式与文字相同，若将图片插入包含文字的段落中，该行的行高将以图片的高度为准。

若将图片设置为除嵌入型以外的任意一种环绕方式，图片将以不同形式与文字结合在一起，从而实现各种排版效果。

【任务实施】

1. 编辑艺术字

步骤①：将光标定位在页面中，单击"插入"→"文本"组→"艺术字"下拉按钮，在弹出的下拉菜单中选择第 1 行第 1 列艺术字样式，如图 4-2-4 所示。

此时，在文档的光标插入点所在位置将出现一个艺术字编辑框，占位符"请在此放置您的文字"为选中状态，如图 4-2-5 所示。

图 4-2-4 艺术字样式选择   图 4-2-5 艺术字编辑框

步骤②：按 Delete 键删除占位符，输入艺术字内容"社团招新"，将"社团招新"的字号更改为 140，将艺术字拖动到合适位置，效果如图 4-2-6 所示。

图 4-2-6 输入"社团招新"内容

步骤③：选中艺术字"社团招新"，单击"绘图工具/格式"→"艺术字样式"组→"文本填充"下拉按钮，在弹出的下拉列表中选择"渐变"→"其他渐变"选项，如图 4-2-7 所示。

图 4-2-7 文本填充

步骤④：在"设置形状格式"对话框中，设置"文本填充"为"渐变填充"，将"类型"设置为"射线"，将"渐变光圈"栏中左侧第一个渐变光圈的颜色设置为"红色"，其位置设置为"0%"，如图 4-2-8 所示。

步骤⑤：根据上述操作，将剩下的 3 个渐变光圈依次设置如下：颜色为"红色"、"蓝色，个性色 1，深色 25%"和"蓝色，个性色 1，淡色 40%"；位置为"37%"、"69%"和"100%"。设置完成后效果如图 4-2-9 所示。

渐变光圈的数量、颜色和位置都会影响艺术字效果，以上数据仅供参考，可根据实际需要进行不同设置。

图 4-2-8　设置艺术字格式　　　　　　　　　图 4-2-9　"社团招新"效果图

步骤⑥：使用上述方法，插入艺术字"Join us！"，选中艺术字"社团招新"，单击"开始"→"格式刷"按钮，如图 4-2-10 所示，当鼠标指针呈刷子形状时，按住鼠标左键不放，然后拖动鼠标选中艺术字"Join us！"，使之与艺术字"社团招新"应用相同格式。

步骤⑦：选中艺术字"Join us！"，单击"绘图工具/格式"→"艺术字样式"组→"文本效果"下拉按钮，在弹出的下拉列表中选择"转换"选项，并在级联列表中选择"拱形：下"样式。

步骤⑧：调整艺术字至合适的位置，调整后效果如图 4-2-11 所示。

图 4-2-10　"格式刷"按钮　　　　　　　　　图 4-2-11　调整位置后效果图

2．安装使用新字体

海报标题制作完成，但是多吉对标题的效果不是很满意，他决定自行安装字体，使标题看起来更加艺术化。

　　步骤①：选中要进行安装的字体文件，右击，在弹出的菜单中选择"安装"选项即可，如图 4-2-12 所示。

　　步骤②：选中艺术字"社团招新"和"Join us！"，单击"开始"→"字体"组→"字体"下拉按钮，在弹出的下拉列表中单击"Aa 西瓜大郎"，适当调整艺术字位置，效果如图 4-2-13 所示。为突出招新这个主题，可适当将标题中的"招"字字号设置得更大些。

图 4-2-12　字体安装菜单　　　　　　　　图 4-2-13　艺术字最终效果

3. 插入文本框与形状，将信息放在页面指定位置

　　步骤①：将光标定位在页面中，单击"插入"→"文本"组→"文本框"下拉按钮，在弹出的下拉列表中选择"绘制横排文本框"选项，如图 4-2-14 所示。

图 4-2-14　插入文本框

步骤②：光标呈"+"形状时，按住鼠标左键不放，然后拖动鼠标绘制文本框，绘制到合适大小时释放鼠标，然后输入"老/西/藏/精/神/学/习/与/传/承/社/团"。

步骤③：选中文本"老/西/藏/精/神/学/习/与/传/承/社/团"，将其字体格式设置为"等线，28"，如图 4-2-15 所示。

步骤④：单击"插入"→"插图"组→"形状"下拉按钮，在弹出的下拉列表中选择"直线"选项，如图 4-2-16 所示。

图 4-2-15　绘制文本框并录入文字

图 4-2-16　插入直线

步骤⑤：光标呈"+"形状时，按住鼠标左键不放，然后向右拖动鼠标绘制横线。

步骤⑥：选中绘制好的横线，切换到"绘图工具/格式"选项卡，在"大小"组中设置横线的"宽度"为"6.26 厘米"，如图 4-2-17 所示；选中横线，右击，在弹出的菜单中选择"设置形状格式"选项，在打开的"设置形状格式"对话框中设置"颜色"为"黑色，文字 1，淡色50%"，"宽度"为"1.8 磅"，如图 4-2-18 所示。

图 4-2-17　设置形状大小

图 4-2-18　设置形状格式

步骤⑦：单击"插入"→"插图"组→"形状"下拉按钮，在弹出的下拉列表中选择"直线"，光标呈"+"形状时，按住鼠标左键不放，然后向下拖动鼠标绘制竖线。将竖线"高度"设置为"1.21 厘米"，"颜色"设置为"黑色，文字 1，淡色 50%"，"宽度"设置为"1.8 磅"。

步骤⑧：将横线和竖线调整至合适的位置，按住 Ctrl 键不放，依次单击横线和竖线，然后在选中的形状上右击，在弹出的快捷菜单中依次选择"组合"→"组合"选项，如图 4-2-19所示。

图 4-2-19　形状组合

步骤⑨：对组合后的形状执行复制/粘贴操作，单击"绘图工具/格式"→"排列"组→"旋转"下拉按钮，在下拉列表中选择"其他旋转选项"选项，弹出"布局"对话框，在"大小"选项卡中设置旋转度数为"180°"，如图 4-2-20 所示。

步骤⑩：选中"老/西/藏/精/神/学/习/与/传/承/社/团"所属文本框，单击"绘图工具/格式"→"形状样式"组→"功能扩展"按钮，弹出"设置形状格式"对话框，设置"填充"为"无填充"，"线条"为"无线条"，如图 4-2-21 所示。

图 4-2-20　设置旋转度数

图 4-2-21　设置文本框格式

步骤⑪：调整组合线条与文本框的位置，效果如图 4-2-22 所示。

老/西/藏/精/神/学/习/与/传/承/社/团

图 4-2-22　组合线条与文本框效果

步骤⑫：绘制文本框，输入文本"缺氧不缺精神　艰苦不怕吃苦　海拔高境界更高"，将文本格式设置为"幼圆""14""加粗"，文字颜色改为"白色，背景 1，深色 50%"；文本框格式设置"填充"为"无填充"，"线条"为"无线条"。

步骤⑬：绘制两条直线，直线格式设置"宽度"为"1.43 厘米"，"颜色"为"白色，背景 1，深色 50%"，"粗细"为"1 磅"，将直线调整至"缺氧不缺精神　艰苦不怕吃苦　海拔高境界更高"所属文本框两端，效果如图 4-2-23 所示。

—— 缺氧不缺精神　艰苦不怕吃苦　海拔高境界更高 ——

图 4-2-23　调整线条位置后效果

4. 插入图片美化页面

步骤①：将光标定位到需要插入图片的位置，单击"插入"→"图片"下拉按钮，在弹出的下拉列表中选择"此设备"选项，如图 4-2-24 所示，弹出"插入图片"对话框。

步骤②：选择需要插入的"背景"图片，单击"插入"按钮。

步骤③：选中图片，单击"图片工具/格式"→"排列"组→"环绕文字"下拉按钮，在弹出的下拉列表中选择"衬于文字下方"选项，如图 4-2-25 所示。

图 4-2-24　插入图片　　　　　　　　　图 4-2-25　设置图片环绕方式

步骤④：选中"背景"图片，单击"绘图工具/格式"→"大小"组→"功能扩展"按钮，在弹出的"布局"对话框的"大小"选项卡中，取消选中"锁定纵横比"复选框。在"高度"栏设置图片的高度值为"11.5 厘米"，在"宽度"栏设置图片的宽度值为"29.7 厘米"，如图 4-2-26 所示。

图 4-2-26　图片大小设置

提示：在"布局"对话框的"大小"选项卡中，"锁定纵横比"复选框默认为选中状态，所以通过功能区或对话框调整图片大小时，无论是高度还是宽度的值发生改变，另一个值就会按前面的图片的比例自动更正；若取消选中"锁定纵横比"复选框，则调整图片大小时，图片不会按照比例进行自动更正，但容易出现图片变形的情况。

步骤⑤：单击"排列"组→"对齐"下拉按钮，在弹出的下拉列表中先选择"对齐页面"选项，再依次选择"水平居中"和"底端对齐"选项，如图 4-2-27 所示。

图 4-2-27　设置背景图片对齐方式

4.2.3　任务三　制作海报的第二版面

【情境和任务】

情境："社团简介"内容在页面中呈单栏排列，为提高阅读性，多吉想将"社团简介"板块的内容分为两栏，该如何操作呢？

任务：制作海报的第二版面。

【相关资讯】

1. 分栏

分栏是将文档中的文本分成两栏或多栏，是文档编辑中的一个基本方法。在 Word 文档中，一段文字通常是按从上到下、从左到右的顺序排列，为了达到某种特殊的排版效果，使用 Word 提供的分栏功能，可以控制栏数、栏宽以及栏间距，还可以方便地设置分栏长度。

2. 文本框链接

文本框链接可以使文本从一个文本框流向另一个文本框。

在对文本框的大小有限制的情况下，如果要放置到文本框中的内容过多，则一个文本框可能无法完全显示这些内容。这时，可以创建多个文本框，然后将它们链接起来，链接之后的多个文本框中的内容可以连续显示。

【任务实施】

1. 设置标题"社团简介/About US"格式

步骤①：复制"社团简介"素材至第二版面。

步骤②：选中标题"社团简介/About US"，单击"开始"→"字体"组→"字体"下拉按钮，在弹出的下拉列表中选择"Aa 西瓜大郎"选项；单击"字号"下拉按钮，在弹出的下拉列表中选择 36 磅；然后单击"开始"→"字体"组→"加粗"按钮 **B**。

步骤③：单击"开始"→"段落"组→"边框"下拉按钮 ⊞ ，在弹出的下拉列表中选择"边框和底纹"选项，在"边框和底纹"对话框中选择"底纹"→"填充"→"其他颜色"选项，如图 4-2-28 所示。在"颜色"对话框中选择"自定义"选项卡，调整 RGB 值，单击"确定"按钮，如图 4-2-29 所示。

图 4-2-28　边框和底纹对话框　　　　　　图 4-2-29　自定义底纹颜色

步骤④：单击"开始"→"字体"组→"字体颜色"下拉按钮 **A** ，在弹出的下拉列表中选择"白色 背景 1"选项。

步骤⑤：单击"开始"→"段落"组→"居中"按钮 ，效果如图 4-2-30 所示。

图 4-2-30　标题效果

2. 给社团简介正文设置分栏

步骤①：选中社团简介正文部分，设置"字号"为 14 磅，"缩进"为首行缩进 2 字符。

步骤②：单击"布局"→"页面设置"组→"栏"下拉按钮，在弹出的下拉列表中选择"更多栏"选项，弹出"栏"对话框，将"栏数"调整为"2"，选中"分隔线"复选框，单击"确定"按钮，如图 4-2-31 所示。

图 4-2-31　分栏

3．在社团简介正文中插入图片

步骤①：选择"插入"→"插图"组→"图片"→"此设备"选项，弹出"插入图片"对话框，选择需要插入的"插图"图片，单击"插入"按钮。

步骤②：选中图片，单击"图片工具/格式"→"排列"组→"环绕文字"下拉按钮，在弹出的下拉列表中选择"紧密型环绕"选项，如图 4-2-32 所示。

图 4-2-32　设置图片环绕方式

步骤③：单击"图片工具/格式"→"大小"组→"裁剪"下拉按钮，在弹出的下拉列表中选择"裁剪为形状"选项，在级联列表中选择"椭圆"选项，如图 4-2-33 所示。

图 4-2-33　裁剪图片

步骤④：调整"插图"位置，使两边文字相等。

4．制作"社团特色活动"

步骤①：单击"插入"→"文本"组→"文本框"下拉按钮，在弹出的下拉列表中选择"绘制横排文本框"选项，光标呈"+"形状时，按住鼠标左键不放，然后拖动鼠标绘制文本框，并输入"社团特色活动"文本，如图 4-2-34 所示。

步骤②：将光标定位在"社团特色活动"文本框内，依次绘制两个横排文本框和一个竖排文本框，如图 4-2-35 所示。

图 4-2-34　绘制"社团特色活动"文本框

图 4-2-35　绘制横排文本框和竖排文本框

步骤③：将光标定位在竖排文本框内，输入文本"社团特色活动"。选中该文本，选择"开始"→"字体"组选项，将其字体格式设置为"华文行楷，34，深红"；选择"开始"→"段落"组选项，将其对齐方式设置为"垂直居中"。

步骤④：单击"绘图工具/格式"→"文本"组→"对齐文本"下拉按钮，在弹出的下拉列表中选择"居中"选项，如图 4-2-36 所示。

图 4-2-36　设置文本对齐方式

步骤⑤：复制"社团特色活动"素材内容至左侧文本框，如图 4-2-37 所示。

图 4-2-37　复制文本至文本框

步骤⑥：选中"社团特色活动"左侧文本框，单击"绘图工具/格式"→"文本"组→"创建链接"按钮，鼠标指针变为 形状，将鼠标指针移动到"社团特色活动"右侧文本框上时，鼠标指针变为 形状，单击，即可在两个文本框之间创建链接，如图 4-2-38 所示。

图 4-2-38　创建链接后效果图

步骤⑦：选中"社团特色活动"板块最外侧文本框，单击"绘图工具/格式"→"形状样式"组→"形状填充"下拉按钮 形状填充▾，在弹出的下拉列表中选择"无填充颜色"；保持文本框的选中状态，在"形状样式"组中单击"形状轮廓"下拉按钮 形状轮廓▾，在弹出的下拉列表中设置"颜色"为"深红"，"粗细"为"2.25 磅"，"线条"为"画线-点"。

步骤⑧：依次选中"社团特色活动"板块其余 3 个文本框，在"形状样式"组中单击"形状填充"下拉按钮 形状填充▾，在弹出的下拉列表中选择"无填充颜色"选项；保持文本框的选中状态，在"形状样式"组中单击"形状轮廓"下拉按钮 形状轮廓▾，在弹出的下拉列表中选择"无轮廓"选项，效果如图 4-2-39 所示。

图 4-2-39　设置形状样式后的效果图

步骤⑨：将光标定位到"老西藏精神研究及读书交流会"前的段落标记处，选择"插入"→"插图"组→"图片"→"联机图片"选项，在"插入图片"对话框中输入需要的图片类型，如"花边"，单击"搜索"按钮，如图 4-2-40 所示。

步骤⑩：在搜索结果中选择需要插入的图片，单击"插入"按钮，如图 4-2-41 所示。

图 4-2-40　搜索联机图片

图 4-2-41　在搜索结果中选择图片

步骤⑪：返回文档，选中刚刚插入的图片。单击"图片工具/格式"→"大小"组→"裁剪"按钮，如图 4-2-42 所示。

图 4-2-42　"裁剪"按钮

步骤⑫：此时，图片呈可裁剪状态，鼠标指向图片的某个裁剪标志时，鼠标指针将变成裁剪状态，如图 4-2-43 所示。

步骤⑬：拖动鼠标至需要的位置释放鼠标，此时阴影部分表示将要被剪掉的部分，确认无误后按 Enter 键即可，如图 4-2-44 所示。完成裁剪后，根据实际情况调整图片大小至最佳效果。

图 4-2-43　裁剪状态

图 4-2-44　裁剪图片

提示：图片呈可裁剪状态时，按 Esc 键可退出裁剪状态。

步骤⑭：选中图片，单击"图片工具/格式"→"调整"组→"颜色"下拉按钮，在弹出的下拉列表中选择"设置透明色"选项，如图 4-2-45 所示。然后，单击图片即可，设置透明色后的图片效果如图 4-2-46 所示。

图 4-2-45　颜色下拉列表

图 4-2-46　设置透明色后效果

提示：设置透明色的效果会因图片背景的复杂程度不同而有所差异。Word 毕竟不是专业的图形图像处理软件，对于一些背景非常复杂的图片，可使用图形图像处理软件进行处理。

步骤⑮：将设置完成后的图片进行复制，粘贴至"主题讲座"前的段落标记处，效果如图 4-2-47 所示。

图 4-2-47　社团特色活动效果图

4.2.4　任务四　文档输出

【情境和任务】

情境：多吉将制作好并通过指导教师审核的社团招新海报发给广告公司印刷，但对方说打开的文件格式混乱，标题的字体也不能正常显示，如何解决这个问题呢？

任务：将 Word 文档转换为 PDF 文件。

【相关资讯】

PDF 是一种"便携式文档格式"，该格式可以将文字、字形、格式、颜色及独立于设备和分辨率的图形图像等封装在一个文件中，不仅方便查看，还能防止其他用户随意修改文件内容。

PDF 文件在 Windows、UNIX 以及苹果公司的 OS 操作系统中都是通用的，并且无论在哪种打印机上都可精确地再现原稿的每一个字符、颜色以及图像，保证精确的颜色和准确的打印效果。

现在越来越多的电子图书、产品说明、网络资料、电子邮件等都在使用 PDF 格式文件。

【任务实施】

将 Word 文档转换为 PDF 文件的操作步骤如下。

步骤①：选择"文件"→"导出"选项，在中间窗口双击"创建 PDF/XPS 文档"选项，如图 4-2-48 所示。

图 4-2-48　导出文件界面

步骤②：弹出"发布为 PDF 或 XPS"对话框，设置文件的保存路径，输入文件的保存名称，单击"发布"按钮，即可将当前 Word 文档转换为 PDF 文件，如图 4-2-49 所示。

图 4-2-49　输出为 PDF 文件

提示：将 Word 文档转换为 PDF 文件时，也可以通过另存文档的方法打开"另存为"对话框，在"保存类型"下拉列表中选择"PDF（*.pdf）"选项，然后设置存放位置、保存名称等参数即可。

【项目总结】

本子项目主要介绍了页面设置、艺术字的插入与编辑、形状的绘制与编辑、文本框的使用、图片的插入与编辑、分栏以及形状组合等操作，通过完成制作社团招新海报项目，可以了解 Word 文档的图文混排操作，掌握各种图形对象在 Word 文档中的应用，并能够制作出各种图文并茂的文档。

【知识拓展】

1．调整图片与文字之间的距离

对图片设置四周型、紧密型、穿越型、上下型这 4 种环绕方式后，还可以调整图片与文字之间的距离，操作方法如下。

选中图片，切换到"图片工具/格式"选项卡，在"排列"组中单击"环绕文字"下拉按钮，在弹出的下拉列表中选择"其他布局选项"选项，弹出"布局"对话框，在"环绕文字"选项卡的"距正文"栏中通过"上""下""左""右"微调框进行调整即可。

其中，上下型环绕方式只能设置"上"和"下"两个距离参数。

2．一次性选择多个图形

对多个图形对象进行组合时，通常是配合 Ctrl 键进行逐个选择，但是当要选择的图形太多时，该方法就显得有些烦琐，此时可以通过"选择"窗格快速进行选择，操作方法如下。

切换到"开始"选项卡，单击"编辑"组中的"选择"下拉按钮，在弹出的下拉列表中选择"选择对象"选项，此时鼠标指针呈"箭头"形状，按住鼠标左键并拖动，即可出现一个虚线矩形，拖动到合适位置后释放鼠标，矩形范围内的所有图形对象将被选中。

3．设置插入图片的默认版式

嵌入型环绕方式是在文档中插入图片的默认环绕方式。如果在使用 Word 时经常需要为图片设置其他环绕方式，如紧密型，用户可以直接将紧密型设定为插入图片的默认版式，操作方法如下。

选择"文件"→"选项"选项，打开"Word 选项"对话框，切换到"高级"选项卡，在"剪切、复制和粘贴"栏的"将图片插入/粘贴为"下拉列表中选择"紧密型"选项（用户可根据需要自由设置默认版式的选项），如图 4-2-50 所示，单击"确定"按钮即可。

图 4-2-50　更改插入图片的默认版式

4. 让图片完整显示

在文档编辑时，有时插入的图片不能完整显示，如图 4-2-51 所示。出现这种情况，是因为图片所在段落的行距被设置了固定值，而所设的行距固定值小于图片的高度，所以导致图片不能完全显示。

如果要让图片完全显示，将图片所在段落的行距设置为除"固定值"以外的任意一种行距选项即可，如图 4-2-52 所示。

图 4-2-51　未完全显示的图片

图 4-2-52　完全显示的图片

5. 导出文档中的图片

Word 可以将文档中的图片保存为图片文件，可以通过"另存为图片"命令一次保存单张图片，也可以通过将文档另存为网页格式一次性导出文档中的所有图片。一次性导出所有图片的操作方法如下。

选择"文件"→"另存为"选项，在弹出的"另存为"对话框中设置好存储路径及文件名，在"保存类型"下拉列表中选择"网页"选项，单击"保存"按钮即可。

完成上述操作后，将在指定的存储路径中看到一个网页文件和一个与网页文件同名的文件夹，打开文件夹，便可看到文档中的所有图片。

6. 将字体嵌入文件

当文档使用了一些非系统默认的字体时，在其他没有安装这些字体的计算机中打开该文档，就会出现字体无法正常显示的问题。为解决这一问题，可以将字体嵌入文件中，操作方法如下。

选择"文件"→"选项"选项，打开"Word 选项"对话框，切换到"保存"选项卡，在"共享该文档时保留保真度"栏中选中"将字体嵌入文件"复选框，然后单击"确定"按钮即可。

4.3　子项目三　社团招新报名表的制作

本子项目以社团招新报名表的制作为例，介绍在文字处理软件 Word 2016 中进行表格创建的基本方法，主要讲解表格的编辑与修改、设置表格格式等方面的相关知识。

【情境描述】

社团招新的宣传海报一经贴出，使很多新老同学对老西藏精神学习与传承社团有了进一步的认识和了解。很多同学表示想加入社团，以拓宽自己的知识面、提高自身素质。为确保社团工作能更加有效地开展，张老师想了解前来申请加入社团的学生基本信息，多吉要结合社团实际制作社团招新报名表。

【问题提出】

在制作社团招新报名表时，我们遇到了以下问题。

（1）如何插入表格？

（2）如何调整表格的结构？

（3）如何设置表格的格式？

4.3.1 任务一 创建表格

【情境和任务】

情境：表格可以将文字信息进行归纳和整理，若想要通过表格来处理文字信息，就需要先创建表格。那么如何在页面中插入符合自己需要的表格呢？

任务：创建表格。

【相关资讯】

1. 表格

在 Microsoft Office 中，表格由行和列组成。其中，行和列交叉形成的矩形部分称为单元格。

2. "'自动调整'操作"选项作用

① 固定列宽：表格的宽度是固定的，表格大小不会随文档版心的宽度或表格内容的多少而自动调整。当单元格中内容过多时，会自动进行换行。

② 根据内容调整表格：表格大小会根据表格内容多少而自动调整。若选中该单选按钮，则创建的初始表格会缩至最小状态。

③ 根据窗口调整表格：插入的表格的总宽度与文档版心相同，当调整页面的左、右边距时，表格的总宽度会自动随之改变。

在"插入表格"对话框中设置好表格的尺寸后，若选中"为新表格记忆此尺寸"复选框，则再次打开"插入表格"对话框时，该对话框中会自动显示之前设置的尺寸参数。

【任务实施】

1. 创建社团招新报名表文档

步骤①：在桌面上新建一个名为"社团招新报名表.docx"的文档。

步骤②：打开"社团招新报名表.docx"文档，输入文本"老西藏精神学习与传承社团招新报名表"，按 Enter 键换行。

步骤③：输入"填表日期："，单击"开始"→"字体"组→"下画线"按钮 U，按多次 Tab 键绘制长度适中的横线，再次单击"下画线"按钮 U，按 Enter 键换行。

2. 插入表格

步骤①：单击"插入"→"表格"组→"表格"下拉按钮，在弹出的下拉列表中选择"插入表格"选项，如图 4-3-1 所示。

步骤②：在"插入表格"对话框的"列数"微调框中设置表格的列数为 5，在"行数"微调框中设置表格的行数为 10，如图 4-3-2 所示，设置好后单击"确定"按钮。

图 4-3-1　"插入表格"选项　　　　图 4-3-2　"插入表格"对话框

步骤③：返回文档，便可见插入的 5 列 10 行的表格，如图 4-3-3 所示。

图 4-3-3　插入 5 列 10 行的表格

4.3.2　任务二　调整表格结构

【情境和任务】

情境：插入表格后，多吉发现现有表格的结构不能满足自己的需要，那么该如何进行调整呢？
任务：调整表格结构。

【相关资讯】

1．合并单元格

合并单元格是指对同一个表格中的多个单元格进行合并操作，以满足表格结构的需要或容纳更多的内容。

2. 拆分单元格

拆分单元格是指将一个单元格拆分成两个或多个单元格。

3. 选择单元格

① 选择单个单元格：将鼠标指针指向某单元格的左侧，当指针呈黑色箭头形状▞时，单击即可。

② 选择多个连续单元格：将鼠标指针指向某单元格的左侧，当指针呈黑色箭头形状▞时，按住鼠标左键并拖动，拖动的起始位置到终止位置之间的单元格将被选中。

③ 选择多个不连续单元格：选中第一个要选择的单元格，然后按住 Ctrl 键不放，再依次选择其他单元格。

【任务实施】

1. 合并单元格

步骤①：选中表格第 5 列中的第 1～4 行，单击"表格工具/布局"→"合并"组→"合并单元格"按钮，如图 4-3-4 所示。

步骤②：使用上述方法，将第 5～10 行的第 2～5 列合并，合并后效果如图 4-3-5 所示。

图 4-3-4　"合并单元格"按钮　　　　　　图 4-3-5　合并后效果

步骤③：将表格最后一行进行合并。

2. 拆分单元格

步骤①：选中第 5 行第 2 列的单元格，单击"表格工具/布局"→"合并"组→"拆分单元格"按钮，在"拆分单元格"对话框的"列数"微调框中设置列数为 11，在"行数"微调框中设置行数为 1，如图 4-3-6 所示，单击"确定"按钮。

步骤②：选中第 9 行第 2 列的单元格，单击"表格工具/布局"→"合并"组→"拆分单元格"按钮，在"拆分单元格"对话框的"列数"微调框中设置列数为 3，在"行数"微调框中设置行数为 3，单击"确定"按钮。选中第 11 行中的第 2～4 列，进行合并，最终效果如图 4-3-7 所示。

图 4-3-6　拆分单元格

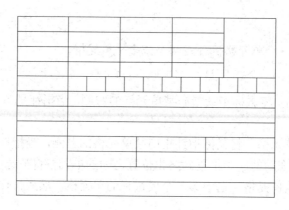

图 4-3-7　表格调整后效果

4.3.3　任务三　输入表格内容

【情境和任务】

情境：表格结构调整好了，就可以在表格中输入需要的内容了。在表格中输入内容的方法与在文档中输入内容的方法类似，将光标定位在需要输入内容的单元格内直接输入内容即可。

任务：输入表格内容。

【任务实施】

1．输入内容

步骤①：在表格中输入文本信息，如图 4-3-8 所示。

步骤②：将光标定位在文本"讲解组"后面，选择"插入"→"符号"组→"符号"→"其他符号"选项，弹出"符号"对话框，在"字体"下拉列表中选择"Wingdings 2"选项，在列表框中选择"方框"选项，如图 4-3-9 所示，单击"插入"按钮，然后再单击"关闭"按钮，将插入的方框复制至其他组别后面。

图 4-3-8　输入文本　　　　　　　　　　　　图 4-3-9　插入方框

2. 设置文本格式

步骤①：选中表格最后一行中第 2～5 段落，单击"开始"→"段落"组→"项目符号"下拉按钮，在弹出的下拉列表中选择"菱形"样式，如图 4-3-10 所示。

图 4-3-10　添加项目符号

步骤②：设置文本"老西藏精神学习与传承社团招新报名表"为"宋体，三号，加粗，居中"。

步骤③：设置文本"填表日期："为"宋体、小四、右对齐"。

步骤④：选中表格中文本，将其设置为"宋体，小四"。

步骤⑤：设置文本"本人承诺："，使该行的落款右对齐。

4.3.4　任务四　设置表格格式

【情境和任务】

情境：表格内容录入后，想要整个表格看起来赏心悦目，不仅要对文字进行格式设置，还需要对表格的对齐方式、边框、底纹等进行设置。

任务：设置表格格式。

【相关资讯】

1. 表格文字对齐方式

Word 为单元格中的文本内容提供了靠上两端对齐、靠上居中对齐、靠上右对齐，中部两端对齐、水平居中、中部右对齐，靠下两端对齐、靠下居中对齐、靠下右对齐等对齐方式。

2. 选择行

① 选择一行：将鼠标指针指向要选择行的左侧，当指针呈白色箭头形状时，单击即可选择该行。

② 选择连续的多行：将鼠标指针指向要选择行的左侧，当指针呈白色箭头形状时，按住鼠标左键不放并向上或向下拖动，即可选择连续的多行。

③ 选择不连续的多行：将鼠标指针指向要选择行的左侧，当指针呈白色箭头形状时，单击，然后按住 Ctrl 键不放，依次单击要选择行的左侧即可。

3. 设置行高

行高是指行的高度。调整行高时，可以使用鼠标拖动法快速调整行高，也可以通过"表格属性"对话框来设置精确的行高，还可以使用"分布行"快速均分多个行的高度。

【任务实施】

1. 设置行高

步骤①：选中表格的第 1～5 行，单击"表格工具/布局"→"单元格大小"组→"功能扩展"按钮，在"表格属性"对话框的"行"选项卡中，选中"指定高度"复选框，然后在右侧的微调框中设置所选行的高度为"1.1 厘米"，如图 4-3-11 所示，单击"确定"按钮。

图 4-3-11　设置行高

步骤②：使用步骤①的方法，选中表格第 6～8 行，将行高设置为"1.4 厘米"。

步骤③：将光标指向"本人承诺"所在行的上框线处，当指针呈上下方向箭头÷时，按下鼠标左键并拖动，表格中将出现虚线，当虚线到达合适位置时释放鼠标，选中"意向组别"所在行，单击"单元格大小"组中的"分布行"按钮。

2. 设置文本对齐方式

选中表格中"姓名"所在行至"意向组别"所在行，如图 4-3-12 所示。单击"表格工具/布局"→"对齐方式"组→"水平居中"按钮，设置后效果如图 4-3-13 所示。

图 4-3-12　选择连续文本

图 4-3-13 设置文字对齐方式后效果

3. 调整字符宽度与文字方向

步骤①：选中文本"姓名"、"性别"、"民族"和"学院"，单击"开始"→"段落"组→"中文版式"下拉按钮 ✗▼，在弹出的下拉列表中选择"调整宽度"选项，如图 4-3-14 所示，在"调整宽度"对话框的"新文字宽度"微调框中设置字符宽度为"4 字符"，单击"确定"按钮，调整后效果如图 4-3-15 所示。

图 4-3-14 调整文本宽度

图 4-3-15 设置字符宽度后效果

步骤②：选中文本"讲解组"和"读书会"，设置字符宽度为"5字符"。

步骤③：选中文本"照片粘贴处"和"意向组别"，单击"表格工具/布局"→"对齐方式"组→"文字方向"按钮，当文字变为垂直方向时，单击"开始"→"字体"组→"功能扩展"按钮，在"字体"对话框的"高级"选项卡中设置字符间距为"加宽""3磅"，单击"确定"按钮。

4. 设置底纹和边框

步骤①：隔行选中表格中的内容，单击"表格工具/设计"→"表格样式"组→"底纹"下拉按钮，在弹出的下拉列表中选择底纹颜色"白色，背景1，深色15%"。

步骤②：选中表格，单击"表格工具/设计"→"边框"组→"功能扩展"按钮，弹出"边框和底纹"对话框，如图4-3-16所示，在"设置"列表框中选择"自定义"，在"样式"列表框中选择"双横线"，在"颜色"下拉列表中选择"黑色，文字1，淡色35%"，在"宽度"下拉列表中选择"0.75磅"，在"预览"栏中通过单击相关按钮设置外框线，最后单击"确定"按钮。

步骤③：选中"意向组别"右侧的行，单击"表格工具/设计"→"边框"组→"功能扩展"按钮，弹出"边框和底纹"对话框，在"设置"列表框中选择"自定义"，在"预览"栏中单击内部线条，然后单击"确定"按钮，设置后效果如图4-3-17所示。

图4-3-16 "边框和底纹"对话框

图4-3-17 设置内部线条后效果

【项目总结】

本子项目主要介绍了在Word文档中插入与编辑表格的方法，通过完成社团招新报名表项目，可以掌握创建表格、表格的基本操作、设置表格格式等内容。

在表格中，Backspace 键和 Delete 键的用法有着明显区别。Backspace 键可用来删除单元格或行，Delete 键只能删除表格中的内容。

【知识拓展】

1. 在表格上方输入内容

在新建文档中创建表格后，如果创建表格时没有预留空行，则无法直接在表格上方输入文字。要想在表格上方输入文字，操作方法如下。

先将光标插入点定位在表格左上角单元格内文本的开头处，按 Enter 键，即可将表格下移，同时表格上方会出现一个新的段落，然后输入需要的内容即可。

2. 灵活调整表格大小

在调整表格大小时，大部分用户是通过鼠标拖动的方式来调整行高或列宽，但这种方法会影响相邻单元格的行高和列宽。针对这样的情况，可以配合 Ctrl 键和 Shift 键来灵活调整表格大小（以列宽为例）。

① 使用 Ctrl 键：先按住 Ctrl 键，再拖动鼠标调整列宽，可调整当前列宽，不改变整体表格宽度。当前列以后的其他各列依次向后进行压缩，但表格的右边线是不变的。

② 使用 Shift 键：先按住 Shift 键，再拖动鼠标调整列宽，可使当前列宽发生变化，但其他各列宽度不变，表格整体宽度会因此增加或减少。

③ 使用 Ctrl+Shift 组合键：先按住 Ctrl+Shift 组合键，再拖动鼠标调整列宽，可调整当前列宽，不改变整体表格宽度，且当前列之后的所有列宽调整为相同。

3. 调整单元格内容与边框之间的距离

在"表格工具/布局"选项卡中，单击"表"组中的"属性"按钮，在"表格属性"对话框的"表格"选项卡中单击"选项"按钮，可弹出"表格选项"对话框，通过"上""下""左""右"微调框调整单元格内容与单元格边框之间的距离。

4. 快速插入带钩的方框

方法一：在文档中输入"2611"，选中后按 Alt+X 组合键。

方法二：将字体设置成"Wingdings 2"，输入大写字母 R 即可。

4.4 子项目四 录用通知单的制作

本子项目以录用通知单的制作为例，介绍如何使用文字处理软件 Word 2016 中的邮件合并功能，轻松、准确、快速地完成通知单的制作。

【情境描述】

社团成员通过同学们报名表上的信息进行了初步筛选，并组织通过初选的同学进行了简单的面试，根据同学们的实际表现加个人意愿，综合考虑，社团共录用了 20 位同学。多吉要完成 20 位同学的录用通知单的制作。

【问题提出】

在制作录用通知单时，我们遇到了以下问题。

（1）如何制作录用通知单主文档？

（2）如何将被录用的学生信息快速填写至文档中？

4.4.1　任务一　创建主文档

【情境和任务】

情境：在制作录用通知单时，多吉发现录用通知单中只有姓名和组别等信息是不同的，其他内容是相同的，这些相同的内容就是固定内容，也就是主文档。

任务：创建主文档

【相关资讯】

主文档是指文档中不变的部分，相当于模板，如空白的录用通知单。

使用邮件合并功能，可以批量制作多种类型的文档，如通知书、获奖证书、工资条、邀请函等。

【任务实施】

1. 创建主文档

步骤①：在桌面上新建一个名为"录用通知单（主文档）.docx"的文档。

步骤②：单击"布局"→"页面设置"组→"纸张方向"下拉按钮，在弹出的下拉列表中选择"横向"选项。

步骤③：在文档中录入文字，如图 4-4-1 所示。

图 4-4-1　文字录入

2. 设置文档格式

步骤①：将文档中第一段落格式调整为"华文行楷，72，字符间距加宽 2 磅，居中"，将文档中第二段落格式调整为"黑体，20，段后间距 0.5 行，居中"，将文档中第 3～7 段落格式调整为"宋体，小二，1.5 倍行距"，第 4～5 段落首行缩进 2 个字符，落款右对齐，效果如图 4-4-2 所示。

步骤②：单击"设计"→"页面背景"组→"页面边框"按钮，在"边框和底纹"对话框中的"颜色"下拉列表中选择"标准色 深红"，在"艺术型"下拉列表中选择相应的边框，完成后效果如图 4-4-3 所示。

图 4-4-2　设置字体格式和段落格式　　　　　图 4-4-3　主文档效果图

4.4.2　任务二　创建数据源

【情境和任务】

情境：录用通知单的主文档制作完成了，多吉需要收集录用人员的信息作为数据源，方便制作完整的录用通知单。

任务：创建数据源。

【相关资讯】

数据源是指文档中变化的部分。在邮件合并中，可以使用多种文件类型的数据源，如 Word 文档、Excel 文件、文本文件、Access 数据、Outlook 联系人等。

Excel 文件是最常用的数据源，第一行包含用于描述各列数据的标题，标题下方的行包含数据记录。Word 文档作为邮件合并的数据源时，可以在 Word 文档中创建一个表格，表格结构与 Excel 工作表类似。

为了在邮件合并过程中能够将 Word 表格正确识别为数据源，Word 表格必须位于文档顶部，表格上方不能有其他内容。

如果使用文本文件作为数据源，各条记录之间及每条记录中的各项数据之间必须分别使用相同的符号分隔。

【任务实施】

创建数据源文档的步骤如下。

步骤①：在桌面上新建一个名为"录用通知单（数据源）.docx"的文档。

步骤②：选择"插入"→"表格"组→"表格"下拉按钮，在弹出的下拉列表中选择"插入表格"选项，如图 4-4-4 所示。在"插入表格"对话框的"列数"微调框中设置表格的列数为 4，在"行数"微调框中设置表格的行数为 21，设置完成后单击"确定"按钮。

步骤③：输入表格内容，如图 4-4-5 所示。

序号	姓名	组别	专业
1	扎西白姆	讲解组	21草业技术1班
2	罗龙亮	讲解组	21林业技术班
3	张梅	讲解组	21电子商务技术1班
4	平措央吉	讲解组	21发电厂及电力系统
5	强巴桑田	实践研学组	21畜牧兽医2班
6	李大浩	实践研学组	20工艺品设计班
7	郑刚	实践研学组	21旅游管理1班
8	向丽	实践研学组	21建筑工程技术2班
9	莎曼莉	网络宣传组	21会计2班
10	布扎西	网络宣传组	21建筑工程技术班
11	土登西热	网络宣传组	21畜牧兽医1班
12	扎西旺杰	网络宣传组	21建筑工程技术班
13	次仁曲宗	文献资料组	21电子商务技术1班
14	连聪	文献资料组	21林业技术
15	彭晓涛	文献资料组	21汽车检测与维修班
16	贵措	文献资料组	21作物生产技术1班
17	郭海峰	后勤组	21林业技术班
18	索朗石曲	后勤组	21汽车检测与维修班
19	徐雪	后勤组	21电子商务1班
20	霍达	后勤组	21会计1班

图4-4-4 插入表格　　　　　　　　　　图4-4-5 数据源效果图

4.4.3 任务三　将数据源合并到主文档

【情境和任务】

情境：多吉将主文档和数据源都已制作完成，他需要将这些数据信息填入主文档中，使用邮件合并功能，可以轻松、准确、快速地完成这些重复性工作。

任务：将数据源合并到主文档。

【相关资讯】

Word为邮件合并提供了信函、电子邮件、信封、标签、目录和普通Word文档6种文档类型，用户可以根据需要自行选择。

① 信函：创建用于不同用途的信函，合并后的每条记录独自占用一页。

② 电子邮件：为每个收件人创建电子邮件。

③ 信封：创建指定尺寸的信封。

④ 标签：创建指定规格的标签，所有标签位于同一页中。

⑤ 目录：合并后的多条记录位于同一页中。

⑥ 普通Word文档：删除与主文档关联的数据源，使文档恢复为普通文档。

【任务实施】

1. 将数据源合并到主文档

步骤①：将光标定位在主文档中，单击"邮件"→"开始邮件合并"组→"开始邮件合并"

下拉按钮，在弹出的下拉列表中选择"信函"选项。

步骤②：单击"邮件"→"开始邮件合并"组→"选择收件人"下拉按钮，在弹出的下拉列表中选择"使用现有列表"选项，如图 4-4-6 所示。

图 4-4-6　选择收件人

步骤③：在弹出的"选取数据源"对话框中选择数据源文件，单击"打开"按钮，如图 4-4-7 所示。

步骤④：将光标定位到需要插入姓名的位置，单击"邮件"→"编写和插入域"组→"插入合并域"下拉按钮，在弹出的下拉列表中选择"姓名"选项，如图 4-4-8 所示。

图 4-4-7　选取数据源

图 4-4-8　插入合并域

步骤⑤：将光标定位到需要插入组别的位置，单击"邮件"→"编写和插入域"组→"插入合并域"下拉按钮，在弹出的下拉列表中选择"组别"选项。

2．生成合并文档

步骤①：插入合并域后，就可以生成合并文档了。单击"邮件"→"完成"组→"完成并合并"下拉按钮，在弹出的下拉列表中选择"编辑单个文档"选项，如图 4-4-9 所示，在"合并到新文档"对话框中单击"全部"单选按钮，再单击"确定"按钮，如图 4-4-10 所示。

图 4-4-9　"编辑单个文档"选项　　　　图 4-4-10　合并记录

步骤②：此时，Word 将新建一个文档显示合并记录，这些合并记录分别独自占用一页，图 4-4-11 所示为第 1 页的合并记录，显示了其中一位同学的录用通知单。

图 4-4-11　完成合并后效果

【项目总结】

本子项目主要介绍了在 Word 文档中使用邮件合并功能批量制作录用通知单的方法。在日常办公中，通常会有许多数据表，如果要根据这些数据信息制作大量文档，如名片、荣誉证书、工资条、通知书、准考证等，便可通过邮件合并功能，轻松、准确、快速地完成这些重复的工作。

使用邮件合并功能，无论创建哪种类型的文档，都要遵循如图 4-4-12 所示流程。

图 4-4-12　使用邮件合并功能的流程

【知识拓展】

1. 在邮件合并中预览结果

通过邮件合并功能批量制作各类特色文档时，可以在合并生成文档前先预览合并结果，具体操作步骤如下。

步骤①：在主文档中插入合并域后，在"预览结果"组中单击"预览结果"按钮。

步骤②：插入的合并域将显示为实际内容，从而预览数据效果。

步骤③：在"预览结果"组中，通过单击"上一记录"或"下一记录"按钮，可切换显示其他数据信息。完成预览后，再次单击"预览结果"按钮，可取消预览。

2. 合并部分记录

在邮件合并过程中，有时希望只合并部分记录而非所有记录，根据实际情况，可以在以下两种方法中选择。

（1）在生成合并文档时设置

生成合并文档时，会弹出"合并到新文档"对话框，此时有两种选择可以实现合并部分记录。

① 如果单击"当前记录"单选按钮，则只生成"预览结果"组的文本框中设置的显示记录。

② 如果单击"从……到……"单选按钮，则可以自定义设置需要显示的数据记录。

（2）在邮件合并过程中筛选记录

要想更加灵活地合并需要的记录，可在邮件合并过程中筛选记录，具体操作步骤如下。

步骤①：在建立了主文档与数据源的关联后，单击"邮件"→"开始邮件合并"组→"编辑收件人列表"按钮。

步骤②：弹出"邮件合并收件人"对话框，此时便可以筛选需要的记录了。

筛选记录后，如果要清除筛选，即将所有记录显示出来，则单击筛选依据右侧的下拉按钮，在弹出的下拉列表中选择"全部"选项即可。

4.5　子项目五　社团活动总结的制作

本子项目以社团活动总结的制作为例，介绍如何使用文字处理软件 Word 2016 进行长文档排版，如大纲级别的设置、页眉和页脚添加、目录的应用与批注添加等。

【情境描述】

学期结束，社团需要对本学期开展的各项活动进行总结。多吉需要完成一份有封面、有页眉和页脚、有目录的活动总结，他需要如何操作呢？

【问题提出】

在制作社团活动总结时，我们遇到了以下问题。

（1）如何将活动总结分为封面、目录和正文 3 个部分，并且为目录页和正文页分别设置不同的页码？

（2）如何自动生成目录？

（3）如何为正文添加页眉？

（4）如何进行文档的修订？

4.5.1　任务一　设置标题大纲级别

【情境和任务】

情境：为了能够清楚地显示社团活动总结的层次和标题结构，多吉需要对该文档进行格式设置并指定大纲级别。

任务：设置标题大纲级别。

【相关资讯】

1．文档视图

文档视图是指文档在屏幕中的显示方式，且不同的视图模式下配备的操作工具也有所不同。在排版过程中，为了更好地完成排版任务，要根据不同的排版需求切换到不同的视图模式进行操作。Word 2016 提供了页面视图、大纲视图、阅读视图、Web 版式视图和草稿视图 5 种视图模式，其中页面视图最为常用。

① 页面视图：Word 文档的默认视图，是集浏览、编辑、排版于一体的视图模式，也是使用最多的视图方式。在页面视图中，我们可以看到文档的整个页面的分布情况。同时，它完美地呈现了文档打印输出在纸张上的真实效果，即"所见即所得"。

在页面视图中，可以方便地查看、调整排版格式，如进行页眉和页脚设计、页面设计，以及处理图片、文本框等操作。

② 大纲视图：显示文档结构和大纲工具的视图。它将文档中的所有标题分级显示出来，层次分明，非常适合层次较多的文档。

在大纲视图模式下，我们可以方便地对文档标题进行升级、降级处理，以及移动和重组长文档。

③ 阅读视图：如果只是查看文档的内容，则可以使用阅读视图，该视图最大的优点是利用最大的空间来阅读或批注文档。在阅读视图模式下，Word 隐藏了功能区，可以直接以全屏方式显示文档内容。

在阅读视图模式下查看文档时，不能编辑文档内容，从而防止因为失误而改变文档内容。

④ Web 版式视图：是以网页的形式显示文档内容在 Web 浏览器中的外观。通常情况下，如果要编排用于互联网中展示的网页文档或邮件，便可以使用 Web 版式视图。

⑤ 草稿视图：以草稿形式来显示文档内容，便于快速编辑文本。在草稿视图模式下，不会显示图片、页眉、页脚、分栏等元素，图片、形状及艺术字等对象将以空白区域显示。此外，在该视图模式下，上下页面的空白处会以虚线的形式显示。

2．大纲级别

用于为文档中的段落指定等级结构（1～9 级）的段落格式。主要用于显示标题的层级结构，并可以方便地折叠和展开各种层级的文档。指定了大纲级别后，就可以在大纲视图或文档结构图中处理文档。

在未设置大纲级别的前提下，所有段落的大纲级别一般都是正文文本。需要时，可在"视图"选项卡的"大纲视图"中设置想要的大纲级别。

3．导航窗格

"导航"窗格是一个独立的窗格，主要用于显示文档标题，使文档结构一目了然。

在"导航"窗格中，有"标题""页面""结果"3 个标签，单击某个标签可切换到对应的显示界面。

①　"标题"界面为默认界面，在该界面中清楚地显示了文档的标题结构，单击某个标题可快速定位到该标题。单击某标题左侧的◢按钮，可折叠该标题，隐藏其标题下所有的从属标题。

②　"页面"界面中显示的是分页缩略图，单击某个缩略图，可快速定位到相关页面，大大提高查阅速度。

③　"结果"界面中通常显示搜索结果，单击某个结果，可快速定位到需要搜索的位置。

【任务实施】

1. 创建社团活动总结文档

步骤①：在桌面上新建一个名为"社团活动总结.docx"的文档。

步骤②：将教师分发的"社团活动总结"素材内容复制粘贴到"社团活动总结.docx"文档中。

2. 设置文档内容格式与大纲级别

步骤①：选中标题文字"老西藏精神学习与传承社团工作总结"，在"开始"选项卡的"字体"组中，将该内容格式设置为"等线 Light，三号，加粗"，在"段落"组中将该内容格式设置为"居中"、段后"0.5 行"，如图 4-5-1 所示。

图 4-5-1　设置标题格式

步骤②：选中标题文字"一、社团工作宗旨"、"二、组织机构"、"三、社团活动开展情况"和"四、社团存在的问题"，在"字体"组中将该内容格式设置为"仿宋，小三，加粗"，在"段落"组中将该内容格式设置为"大纲级别：1 级"、首行缩进 2 字符，如图 4-5-2 所示。

图 4-5-2　设置 1 级标题大纲级别

步骤③：选中标题文字"（一）纪念馆参观工作"、"（二）理论研究及相关工作"、"（三）理论宣传及相关工作"、"（四）社团招新及相关工作"、"（一）设备老化"和"（二）地理空间局限"，在"字体"组中将该内容格式设置为"仿宋，四号，加粗"，在"段落"组中将该内容格式设置为"大纲级别：2级"、首行缩进2字符，如图4-5-3所示。

步骤④：选中正文，在"字体"组中将该内容格式设置为"仿宋，四号"，在"段落"组中将该内容格式设置为首行缩进2字符。

步骤⑤：选中"视图"→"显示"组→"导航窗格"复选框，即可在窗口左侧通过"导航"窗格查看文档结构，如图4-5-4所示。

图4-5-3　设置2级标题大纲级别

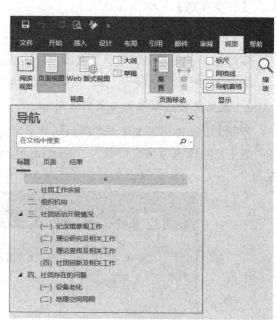

图4-5-4　显示导航窗格

4.5.2　任务二　创建目录

【情境和任务】

情境：为社团活动总结设置各级标题后，便可以利用Word的引用功能为该文档提取目录，但在提取目录时，该如何选择目录样式呢？

任务：创建目录。

【相关资讯】

1. 创建目录的本质

目录是指文档中标题的列表，通过目录，用户可以大概了解整个文档的结构，同时也便于用户快速跳转到指定标题对应的页面中。

要想Word自动为标题生成目录，而且是具有不同层次结构的目录，则需要为文档中的标题设置大纲级别。Word之所以会自动为这些标题生成目录，实质上就是因为这些标题都设置了不同的大纲级别，Word在创建目录时，会自动识别这些标题的大纲级别，并以此来判断各标题在目录中的层级。

以下两种情况的内容不会被提取到目录中。

① 大纲级别设置为"正文文本"的内容。

② 大纲级别低于创建目录时要包含的大纲级别的内容。如在创建目录时，将要显示的级别设置为"3"，那么大纲级别为 4 级及以下的标题便不会被提取到目录中。

2. 目录样式

① 自动目录：根据段落设置的大纲级别属性自动提取标题，精准无误地快速创建目录。

② 手动目录：在选择目录样式时，若选择"手动目录"选项，则会在光标插入点所在位置插入一个目录模板，此时需要手动输入目录中的内容，这种方法效率较低，不建议使用。

③ 自定义目录：自定义创建目录具有很大的灵活性，用户可以根据实际需要设置目录中包含的标题级别、设置目录的页码显示方式及前导符等。

【任务实施】

1. 增加目录页

步骤①：将光标插入点定位到第 1 页的起始处，单击"布局"→"页面设置"组→"分隔符"下拉按钮，在下拉列表的"分节符"栏中选择"下一页"选项，如图 4-5-5 所示。

图 4-5-5　插入分节符

通过上述操作，将在光标插入点所在位置插入分节符，并从下一页开始新的一节。

步骤②：在新增加的页面中输入"目录"，并设置为"黑体；二号；蓝色，个性色 1"。

2. 插入目录

步骤①：将光标插入点定位到需要插入目录的位置，单击"引用"→"目录"组→"目录"下拉按钮，在弹出的下拉列表中选择"自定义目录"选项，如图 4-5-6 所示。

步骤②：在"目录"对话框的"目录"选项卡中设置"制表符前导符"样式；在"常规"栏的"格式"下拉列表中选择目录格式；在"显示级别"微调框中指定创建目录的级数；完成设置后单击"确定"按钮，如图 4-5-7 所示。

图 4-5-6　插入目录

图 4-5-7　设置目录格式

步骤③：返回文档，将刚刚插入的目录格式设置为"仿宋，四号，1.5 倍行距"，设置后效果如图 4-5-8 所示。

图 4-5-8　目录效果图

提示：此时，按住 Ctrl 键，再单击某条目录，可快速跳转到对应的目标位置。

4.5.3　任务三　设置页眉和页脚

【情境和任务】

情境：页眉和页脚分别位于文档的最上方和最下方，可以在页眉和页脚处输入文本或插入图形，如文档名称、页码或者单位徽标等。为了美化文档并且能够快速定位到文档的指定位置，多吉决定为该文档添加页眉和页脚。

任务：设置页眉和页脚。

【任务实施】

1. 设置页眉

步骤①：将光标插入点定位到正文第 1 页，单击"插入"→"页眉和页脚"组→"页眉"下拉按钮，在弹出的下拉列表中选择"编辑页眉"选项，如图 4-5-9 所示。

步骤②：选择"开始"→"段落"组→"边框"下拉按钮→"边框和底纹"选项，在"边框和底纹"对话框中的"样式"列表框中选择边框样式；在"颜色"下拉列表中选择边框颜色；在"宽度"下拉列表中选择边框宽度，本案例中设置的效果如图 4-5-10 所示。

图 4-5-9　页眉下拉列表

图 4-5-10　"边框和底纹"对话框

步骤③：将光标插入点定位到页眉处，输入"老西藏精神学习与传承社团工作总结"，选中文字，设置格式为"仿宋；五号；蓝色，个性色 1，深色 25%；居中"；选择"开始"→"段落"组→"边框"下拉按钮→"下框线"选项。

步骤④：单击"页眉和页脚工具"→"位置"组→"页眉顶端距离"微调按钮，调至合适位置，单击"页眉和页脚工具"→"关闭"组→"关闭页眉和页脚"按钮，退出编辑状态。完成后效果如图 4-5-11 所示。

图 4-5-11　页眉效果图

2．设置页脚并更新目录

步骤①：将光标插入点定位到页脚处，单击"插入"→"页眉和页脚"组→"页码"下拉按钮，在弹出的下拉列表中选择"页面底端"选项；在弹出的级联列表中选择"普通数字 2"选项，如图 4-5-12 所示。

图 4-5-12　插入页码

步骤②：页码插入页面底端后，单击"页眉和页脚工具"→"导航"组→"链接到前一节"按钮，取消该按钮的选中状态，如图 4-5-13 所示；单击"页眉和页脚工具"→"页眉和页脚"组→"页码"按钮，在弹出的下拉列表中选择"设置页码格式"选项，在"页码格式"对话框的"编号格式"下拉列表中选择需要的格式，并单击"起始页码"单选按钮，设置当前节的起始页码为"1"，如图 4-5-14 所示。

图 4-5-13　取消链接

图 4-5-14　设置页码格式

提示：对于设置了分节的文档，打开"页码格式"对话框后，若在"页码编号"栏中单击"续前节"单选按钮，则页码与上一节相接续；若单击"起始页码"单选按钮，则可以自定义当前节的起始页码。

步骤③：在正文第 1 页的页码前面和后面分别添加"第"和"页"，设置其字体格式为"仿宋，五号"，设置后效果如图 4-5-15 所示，单击"页眉和页脚工具"→"关闭"组→"关闭页眉和页脚"按钮，退出编辑状态。

图 4-5-15　页码设置效果

步骤④：使用上述方法为目录页设置"罗马数字格式"的页码。

步骤⑤：将光标插入点定位到目录内，右击，在弹出的快捷菜单中选择"更新域"→"更新目录"选项，并在"更新目录"对话框中单击"只更新页码"单选按钮，如图 4-5-16 所示；更新后的目录如图 4-5-17 所示。

图 4-5-16　更新目录

图 4-5-17　目录更新后效果图

提示：在更新目录时，如果只需要更新目录中的页码，则单击"只更新页码"单选按钮；如果需要更新目录中的标题和页码，则单击"更新整个目录"单选按钮，目录格式也会发生变化。

4.5.4　任务四　添加封面

【情境和任务】

情境：封面位于文档第一页，不仅是产品的包装，通过封面上的信息也能向读者展现文档的主要内容，还可以起到美化文档的作用。用户可以自己设计和制作封面，也可以使用 Word 提供的内置封面进行修改，从而形成自己需要的封面效果。

任务：添加封面。

【任务实施】

1. 在封面中插入图片

步骤①：将光标插入点定位到目录页的起始处，单击"布局"→"页面设置"组→"分隔符"下拉按钮，在下拉列表的"分节符"栏中选择"下一页"选项。

步骤②：将光标定位在空白页，单击"插入"→"图片"下拉按钮，在弹出的下拉列表中选择"此设备"选项，在"插入图片"对话框中选择"封面总结"图片，单击"插入"按钮。

步骤③：选中图片，单击"图片工具/格式"→"大小"组→"功能扩展"按钮，在"布局"对话框的"大小"选项卡中，取消选中"锁定纵横比"复选框，如图 4-5-18 所示，单击"确定"按钮。

步骤④：选中图片，图片四周出现控制点后，将鼠标指针停放在控制点上，当鼠标指针变成双向箭头时，按住鼠标左键并拖动，使图片填满整个页面，如图 4-5-19 所示。

图 4-5-18　"布局"对话框

图 4-5-19　调整图片大小

2. 在封面中插入文本框

单击"插入"→"文本"组→"文本框"按钮，插入文本框，录入文本，效果如图 4-5-20 所示。

图 4-5-20　封面效果图

4.5.5　任务五　文档的修订

【情境和任务】

情境：完成了社团工作总结的编辑工作，多吉需要把文档发给社团其他成员阅读，以便提出修改意见。当其他成员对文档进行修改时，如何操作才能显示修改痕迹？

任务：文档的修订。

【相关资讯】

1. 修订

审阅者在审阅文档时，如果需要对文档内容进行修改，可以打开修订功能。打开修订功能后，文档中将会显示所有修改痕迹，以便文档编辑者查看审阅者对文档所做的修改，并决定是否接受修订。

2. 修订显示状态

Word 2016 为修订提供了 4 种显示状态，分别是简单标记、所有标记、无标记、原始状态，在不同状态下，修订以不同的形式进行显示。

① 简单标记：文档中显示为修改后的状态，但会在编辑过的区域左侧显示一根红线，这根红线表示附近区域有修订。

② 所有标记：在文档中显示所有修改痕迹。

③ 无标记：在文档中隐藏所有修订标记，并显示为修改后的状态。

④ 原始状态：在文档中没有任何修订标记，并显示为修改前的状态，即以原始形式显示文档。

【任务实施】

使用修订功能的操作过程如下。

步骤①：单击"审阅"→"修订"组→"修订"按钮，此时，"修订"按钮呈选中状态，如图 4-5-21 所示，表示文档呈修订状态。

图 4-5-21　"修订"按钮

提示： 打开修订功能后，"修订"按钮呈选中状态。如果需要关闭修订功能，再次单击"修订"按钮即可。

步骤②：在修订状态下，对文档内容进行编辑后，选择"审阅"→"修订"组→"所有标记"选项，如图 4-5-22 所示，此时，可以完整地看到文档的所有修改，如图 4-5-23 所示。

图 4-5-22　修订显示状态　　　　　　　　　图 4-5-23　显示文档修改情况

步骤③：将光标插入点定位在某修订中，单击"审阅"→"更改"组→"拒绝"下拉按钮，在弹出的下拉列表中选择"拒绝更改"选项，如图 4-5-24 所示，当前修订被拒绝，同时修订标记消失。

图 4-5-24　"拒绝更改"选项

提示：如果接受修订，切换到"审阅"选项卡，在"更改"组中单击"接受"下拉按钮，在弹出的下拉列表中选择"接受此修订"选项，当前修订被接受，修订标记消失。

在此下拉列表中，如果选择"接受并移到下一条"选项，当前修订被接受，同时光标插入点自动定位到下一条修订中。

【项目总结】

本子项目主要介绍了如何在 Word 文档中设置大纲级别、创建正文标题目录、添加页眉和页脚、使用修订等操作方法。通过本子项目学习，可以制作出漂亮、出色的页眉和页脚，掌握目录创建的方法并合理使用目录。

【知识拓展】

1. 目录中出现"未找到目录项"提示

在更新文档中的目录时，有时会出现"未找到目录项"这样的提示，这是因为创建目录时的文档标题被意外删除了，此时，可以通过以下两种方式解决问题。

① 找回或重新输入原来的文档标题。

② 重新创建目录。

2. 删除页眉中多余的横线

在文档中添加页眉后，页眉中有时会出现一条多余的横线，且无法通过 Delete 键删除，此时可以通过隐藏边框线的方法实现，操作步骤如下。

双击页眉处，进入页眉/页脚编辑状态，在页眉区中选中多余横线所在的段落，选择"开始"→"段落"组→"边框"下拉按钮→"无框线"选项。

3. 防止他人随意关闭修订功能

打开修订功能后，通过单击"修订"按钮可关闭修订功能。为了防止他人随意关闭修订功能，可使用锁定修订功能，操作步骤如下。

选择"审阅"→"修订"组→"修订"下拉按钮→"锁定修订"选项，弹出"锁定修订"对话框，如图 4-5-25 所示，设置密码，单击"确定"按钮即可。

图 4-5-25　"锁定修订"对话框

【课后习题】

项目 5　员工工资数据处理（Microsoft Excel 2016）

本项目是以员工工资数据处理为例，介绍如何使用 Excel 2016 来进行电子表格的制作、数据的录入和设置、条件格式和序列填充技巧、表格的美化、函数的应用、数据筛选和排序、分类汇总、数据透视表、图表的制作、表格的打印与保护等方面的相关知识。

【情境描述】

对于企事业单位来说，必须给全体员工提供公平的待遇、均等的机会，建立有效的激励机制，以促进单位员工的发展及成长，增强成员的集体荣誉感。激励就是单位对员工的激发和鼓励，以促进员工发挥其才能，释放其潜能，最大限度地、自觉地发挥积极性和创造性，在工作中做出更大的成绩。我们这里所谓的激励机制主要体现在员工的薪酬上。那么每位员工每个月的工资主要是由哪些部分组成的？各个部分有哪些关联呢？

【问题提出】

在进行员工工资数据处理的过程中，我们遇到了以下问题。

（1）如何设计制作出员工基本信息表？如何确定里面的各个字段？如何正确地填入数据表中的各种数据？

（2）根据员工基本信息制作出员工工资表，里面的各项工资组成部分是如何确定的？如何进行工资的计算？

（3）如何通过 Excel 筛选出工资低于 6800 元的员工工资信息？

（4）如何通过分类汇总算出各个职称级别的平均工资？

（5）如何通过数据透视表汇总各个部门每个职称级别的人数？

（6）如何利用图表展示各部门不同职称的员工人数？

【项目流程】

5.1 子项目一 制作"员工基本信息表"

【情境描述】

情境：在制作员工工资表之前，需要先有本单位的员工基本信息表，然后根据员工基本信息表中的相关内容制作员工工资总表。首先分析一下员工基本信息表包括的信息：所在部门、员工编号、姓名、性别、身份证号、出生日期、职务、职称、学历、入职时间、岗位等级等。

【问题提出】

（1）用什么软件来制作"员工基本信息表"？

（2）如何新建"员工基本信息表"？

（3）新建的文件如何进行保存？

（4）新建的"员工基本信息表"中包括哪些内容？这些内容将如何填入表格中？

5.1.1 任务一 新建"员工基本信息表"

【情境和任务】

情境：用什么软件来制作"员工基本信息表"？如何新建"员工基本信息表"？新建的文件如何进行保存？

任务：新建"员工基本信息表"。

【相关资讯】

1. Excel 2016 功能简介

Excel 的主要功能就是进行数据处理。其实，人类自古以来都有处理数据的需求，文明程度越高，需要处理的数据就越多、越复杂，而且对处理的要求也越高，速度还必须越来越快。因此，我们不断改善所借助的工具来满足数据处理需求。随着信息时代的来临，我们频繁地与数据打交道，Excel 也就应运而生了。它作为数据处理的工具，拥有强大的计算、分析、传递和共享功能，可以帮助我们将繁杂的数据转化为信息。

2. 数据思维和三表原则

① 数据思维：其实我们每天都要和"数据"打交道，例如，工作中我们常常要录入数据、整理数据，有时还会有分析数据的要求，这些都是我们数据思维的实现。

② 三表原则：在 Excel 的世界中，所有的表都可以划分为数据源表、参数表和报表，这就是所谓的三表原则。

❖ 数据源表是一切数据分析的基础，是形成报表的重要来源（例如，我们现在制作的员工基本信息表）。

❖ 参数表是为数据源的填写和整理提供规范的引用来源和为报表提供分析的维度（例如，我们后面制作的每位员工的职称和学历表，它们将为后面的员工工资总表提供数据）。

❖ 报表是呈现给人看的表，它所有的统计结果都是基于数据源表生成的（例如，我们根据员工工资总表进行各类数据的统计报表等）。

3. Excel 2016 窗口功能介绍

（1）Excel 2016 的工作界面

主要由标题栏、快速访问工具栏、控制按钮栏、功能区、名称框、编辑栏、工作表区域、状态栏组成，如图 5-1-1 所示。

图 5-1-1　Excel 2016 窗口

（2）各区域功能介绍

① 快速访问工具栏：快速访问工具栏是一个可自定义的工具栏，为方便用户快速执行常用命令，将功能区上选项卡中的一个或几个命令在此区域独立显示，以减少在功能区查找命令的时间，提高工作效率。

如需自定义快速访问工具栏，可单击其右侧的按钮，选中常用的命令添加到快速访问工具栏中，如图 5-1-2 所示。如所显示的命令中无须要自定义的命令，选择"其他命令"选项，进入自定义快速访问工具栏窗口进行添加即可。

图 5-1-2　快速访问工具栏

② 功能区：位于标题栏的下方，默认由 9 个选项卡组成。一个选项卡分为多个组，每个组中有多个命令，如图 5-1-3 所示。

图 5-1-3　Excel 2016 功能区

显示或隐藏功能区主要有 4 种方法，如图 5-1-4 所示。

图 5-1-4　显示和隐藏功能区

方法 1：单击功能区右下角的"折叠功能区"按钮，即可将功能区隐藏起来。

方法 2：单击功能区右上方的"功能区显示选项"按钮，在弹出的菜单中选择"自动隐藏功能区"选项，可将功能区隐藏，选择"显示选项卡和命令"选项，即可将功能区显示出来。

方法 3：将光标放在任一选项卡上，双击，即可隐藏或显示功能区。

方法 4：按 Ctrl+F1 快捷键，可隐藏或显示功能区。

③ 名称框：显示当前活动对象的名称信息，包括单元格的列标和行号。在名称框中输入单元格的列标和行号，即可定位到相应的单元格。例如，选中 C3 单元格时，名称框中显示的是"C3"；在名称框中输入"C3"时，光标定位到 C3 单元格，如图 5-1-5 所示。

④ 编辑栏：用于显示当前单元格内容，或编辑所选单元格，如图 5-1-6 所示。

图 5-1-5　名称框

图 5-1-6　编辑栏

⑤ 工作表区域：用于编辑工资表中各单元格内容，一个工作簿可以包含多个工作表，如图 5-1-7 所示。

❖ 工作簿：一个工作簿实际上就是一个 Excel 文件，Excel 2016 工作簿文件的扩展名为.xlsx。启动 Excel 2016 后，会自动新建一个名为"工作簿 1"的工作簿。

❖ 工作表：工作表是指由行和列所构成的表格。在默认情况下，一个工作簿文件自动打开一个工作表，一个工作簿中可以有多个工作表。

❖ 单元格：单元格是工作表中行列交叉的一个小格子，每个单元格是以它所在的列标和行号来命名的。例如，单元格地址 A1 表示第一列第一行单元格、单元格地址 C5 表示第三列第五行单元格。

❖ 单元格区域：写出左上角单元格地址和右下角单元格地址，中间用英文状态下的冒号隔开。例如，A1:F5 表示 A1 到 F5 之间的区域范围。

图 5-1-7　工作表区域

【任务实施】

1. 新建"员工基本信息表"工作簿

步骤①：选择"开始"→"Excel 2016"选项，启动 Excel 2016 应用程序，如图 5-1-8 所示，会自动新建一个 Excel 2016 工作簿，如图 5-1-9 所示。

图 5-1-8　打开 Excel 2016 软件　　　　　　图 5-1-9　Excel 2016 工作簿

步骤②：保存工作簿，并命名为"员工基本信息表"。单击标题栏最左侧的"保存"按钮，或者选择"文件"→"保存"或"另存为"选项，选择右侧的"浏览"选项，分别如图 5-1-10 和图 5-1-11 所示。在弹出的"另存为"对话框中找到保存位置，在文件名处输入"员工基本信息表"，单击"保存"按钮，如图 5-1-12 所示。

图 5-1-10　单击"保存"按钮或"文件"选项卡

图 5-1-11　选择"浏览"选项

图 5-1-12　"另存为"对话框

提示：也可以利用 Ctrl+S 快捷键来保存该工作簿。

2. 重命名 Sheet 1 工作表名称为"员工基本信息表"

根据默认的工作表名，无法知道里面存放的是什么内容，因此需对工作表名称进行更改。

步骤①：单击 Sheet 1 工作表标签，右击，在弹出的快捷菜单中选择"重命名"选项（或者双击 Sheet 1 工作表标签），然后将 Sheet 1 重新命名为"员工基本信息表"，如图 5-1-13 所示。

图 5-1-13　重命名工作表

步骤②：单击"保存"按钮，保存修改后的文件。

提示：如果对已存在（不是新建）的文件进行保存，执行"文件"→"保存"命令时只是将该文件保存在原来的位置，不会弹出"另存为"对话框，让用户选择保存路径；如果要将该文件保存在另一位置，执行"文件"→"另存为"命令才能弹出"另存为"对话框进行路径更改。

3. 关闭工作簿

关闭工作簿有如下 3 种方式。

① 单击 Excel 标题栏右上角的"关闭"按钮。

② 选择"文件"→"关闭"选项。

③ 按 Ctrl+F4 组合键。

5.1.2 任务二 录入"员工基本信息表"表格数据

【情境和任务】

情境：已经新建了"员工基本信息表"，那么"员工基本信息表"中应该包括哪些内容呢？这些内容将如何填入表格中呢？

任务：录入"员工基本信息表"表格数据。

【相关资讯】

1. 数据类型

在 Excel 的单元格中可以输入多种类型的数据，如字符、数值、日期、时间等。下面简单介绍这几种类型的数据。

① 字符型数据：字符型数据包括汉字、英文字母、空格等，每个单元格最多可容纳 32 000 个字符。默认情况下，字符型数据自动沿单元格左边对齐。当输入的内容超出了当前单元格的宽度时，如果右边相邻单元格中没有数据，那么文本内容会往右延伸；如果右边单元格中有数据，超出的那部分数据就会隐藏起来，只有把单元格的宽度变大后才能显示出来。

② 数值型数据：数值型数据包括 0～9 中的数字以及含有正号、负号、货币符号、百分号等任一种符号的数据。默认情况下，数值自动沿单元格右边对齐。在输入过程中，有以下两种比较特殊的情况要注意。

❖ 负数：在数值前加一个负号或把数值放在括号里，都可以输入负数，例如，要在单元格中输入"-66"，可以输入"-66"或"(66)"，然后按 Enter 键就可以在单元格中出现"-66"。

❖ 分数：要在单元格中输入分数形式的数据，应先在编辑框中输入"0"和一个空格，然后再输入分数，否则 Excel 会把分数当作日期处理。例如，要在单元格中输入分数"2/3"，在编辑框中输入"0"和一个空格，然后接着输入"2/3"，再按 Enter 键，单元格中就会出现分数"2/3"。

③ 日期型数据和时间型数据：在人事管理中，经常需要录入一些日期型的数据，在录入过程中要注意以下几点。

❖ 输入日期时：年、月、日之间要用"/"或"-"符号隔开，如"2021-5-16"或"2021/5/16"。

❖ 输入时间时：时、分、秒之间要用冒号隔开，如"10：29：36"。

若要在单元格中同时输入日期和时间，日期和时间之间应该用空格隔开。

2. 身份证号码的组成

第二代居民身份证号码由 18 位组成，前 6 位表示地址码（1~2 位表示省、自治区、直辖市代码，3~4 位表示地级市、盟、自治州代码，5~6 位表示县、县级市、区代码）；7~14 位表示出生的年、月、日，其中年份用四位数字表示，月和日均用两位数字表示，年、月、日之间没有分隔符；15~17 位是顺序码，对同一地址并且同年同月同日出生的人的编写顺序号，其中第 17 位表示性别，男性为奇数，女性为偶数；最后一位（18 位）为校验码，按照一定的规则进行编制，可以是 0~10 之间的任意数，如果是 0~9 就直接作为身份证号的第 18 位，如果是 10 则用 X 来代替。

3. 填充工具

Excel 中自带填充功能，通过填充功能可以快速实现具有一定规律单元格的计算，实现填充的类型包含等差序列、等比序列、日期、自动填充，并且可以设置步长值和终长值。

【任务实施】

1. 添加各个字段名称

步骤①：在 A1:L1 单元格区域中分别填入员工编号、姓名、性别、身份证号码、出生日期、所在部门、职务、职称、学历、入职时间、岗位等级和备注等字段，如图 5-1-14 所示。

图 5-1-14　设置字段名称

步骤②：由于身份证号码数据较长，把身份证号码的列宽设置为"12 磅"。选中 D 列，右击，在弹出的快捷菜单中选择"列宽"选项，设置列宽为 12 磅，如图 5-1-15 所示。

图 5-1-15　设置列宽

提示：如果要设置行高，也是相同的方法，选中行标，右击，在弹出的快捷菜单中选择"行高"选项，设置具体的值即可。如果不要求具体的行高或列宽，那么就可以根据实际情况，选中相对应的行或者列，将鼠标放在选中行的下分割线或者选中列的右分割线上，当光标变成双箭头形状后，按住鼠标左键并拖动至合适的行高或列宽即可。

2．添加标题

填好字段名称后，发现表格的标题忘记添加了，现在需要在字段名称前面插入一行作为标题行，操作步骤如下。

步骤①：单击第一行的行号，右击，在弹出的快捷菜单中选择"插入"选项，在此行前插入一行，并在 A1 单元格添加标题名称"员工基本信息表"，如图 5-1-16 所示。

图 5-1-16　插入标题行

步骤②：添加标题后需要将标题进行居中对齐设置。选中 A1:L1 单元格区域，单击"开始"→"对齐方式"组→"合并后居中"按钮，如图 5-1-17 所示。

图 5-1-17　标题合并后居中

📢提示：通过 Excel 软件进行表格处理的过程中，经常会涉及单元格的合并和拆分操作，合并操作就是将多个相连的单元格合并成一个单元格，拆分操作是将合并的单元格重新拆分成多个单元格，但是不能拆分未合并过的单元格。如果要将合并后的单元格重新拆分，具体的方法如下：选择"开始"→"对齐方式"组→"合并后居中"下拉按钮→"取消单元格合并"选项。

3．录入员工编号和姓名

由于单位总计有 400 名员工，员工编号从 130001 到 130400，如果逐个录入这些数据，那么工作量会很大。仔细观察一下，这些数据是有一定规律的，录入有规律的数据时可以利用数据自动填充录入功能。

步骤①：录入员工编号。首先分别在 A3 和 A4 单元格中录入"130001"和"130002"，然后选中 A3:A4 单元格区域，将鼠标放到 A4 单元格右下角，当光标变成+字形状后，如图 5-1-18 所示，按下鼠标左键并拖动至 A402 单元格，释放鼠标即可完成所有员工编号数据填充，如图 5-1-19 所示。

图 5-1-18　数据填充柄　　　　　　　图 5-1-19　自动填充员工编号数据

步骤②：录入员工姓名时，由于是常规数据，直接录入即可。

4．录入员工性别信息

由于性别只有"男"和"女"两种信息，所以为了避免输入错误信息，需要在下拉列表中选择"男"或"女"的信息，如图 5-1-20 所示。

步骤①：选中"性别"所在列，选择"数据"→"数据工具"组→"数据验证"下拉按钮→"数据验证"选项，如图 5-1-21 所示。

图 5-1-20　在下拉列表中选择　　　　　图 5-1-21　选择"数据验证"选项
　　　　　　　"男"或"女"

步骤②：在弹出的"数据验证"对话框中选择"设置"选项卡。在"验证条件"栏中的"允许"下拉列表中有"任何值""整数""小数""序列""日期""时间""文本长度"等选项，这些选项均可以设置验证条件，如图 5-1-22 所示。

步骤③：在"允许"下拉列表中选择"序列"选项。然后在下方出现的"来源"栏中输入"男,女"（需要注意的是，各选项之间要用英文输入状态下的逗号相隔），单击"确定"按钮，如图 5-1-23 所示。

图 5-1-22　"数据验证"对话框　　　　图 5-1-23　设置数据序列

步骤④：完成"性别"列中所有员工的信息录入。

5．录入员工身份证号码

在 D3 单元格中输入具体的身份证号码（18 位数字）时，系统会自动将所输入的内容显示为科学记数法形式，如图 5-1-24 所示，那么如何才能正确地输入 18 位身份证号码呢？又是什么原因造成输入内容自动变成科学记数法形式呢？

图 5-1-24　输入身份证号码出错

在 Excel 中，要输入如邮政编码、电话号码、银行卡号等由多位数字组成的数据，为了避免 Excel 把它按数值型数据处理，需在输入时先输入一个单引号"'"（英文符号），然后再输入具体的数字，或者将该单元格设置为文本型，也可以实现输入多位数字。

提示：如果要输入单元格的内容是以 0 开始的数，直接输入则系统会自动将前面的 0 去掉，因此也需在输入之前先输入单引号将该单元格设置为文本型。

（1）设置数据类型

选中 D（身份证号码）列，在列标上右击，在弹出的快捷菜单中选择"设置单元格格式"选项，如图 5-1-25 所示，在弹出的对话框中选择"文本"选项，如图 5-1-26 所示。

图 5-1-25　"设置单元格格式"选项　　　　图 5-1-26　"设置单元格格式"对话框

（2）自动识别输入身份证号码位数的对错

由于身份证号码位数较多，经常会出现输入的身份证号码多一位或者少一位的情况，如图 5-1-27 所示，那么如何让 Excel 能自动识别输入位数的对错呢？

图 5-1-27　提示输入的"身份证号码"位数错误

步骤①：选中"身份证号码"所在列，选择"数据"→"数据工具"组→"数据验证"下拉按钮→"数据验证"选项，在弹出的对话框中选择"验证条件"栏中"允许"下拉列表中的"文本长度"选项，如图 5-1-28 所示。

步骤②：在"数据"下拉列表中选择"等于"选项，在"长度"文本框中输入"18"，如图 5-1-29 所示。

步骤③：单击"出错警告"选项卡，在"错误信息"文本框中输入"请确认输入的身份证号码为 18 位。"，单击"确定"按钮，如图 5-1-30 所示。

图 5-1-28　选择"文本长度"选项　　图 5-1-29　设定长度　　图 5-1-30　输入错误警告信息

步骤③：最后按照要求，逐步完成身份证号码信息的录入。

6. 录入员工的出生日期信息

根据身份证号的组成原理可知，出生日期在身份证号中的第 7～14 位，这里可以直接利用分列的操作快速地从身份证号码中截取出"出生日期"。

步骤①：选中需要分列的"身份证号码"列，然后单击"数据"→"数据工具"组→"分列"按钮，如图 5-1-31 所示。

步骤②：在弹出的"文本分列向导"对话框中单击"固定宽度"单选按钮，然后再单击"下一步"按钮，如图 5-1-32 所示。

图 5-1-31　单击"分列"按钮　　　　图 5-1-32　单击"固定宽度"单选按钮

步骤③：分别在身份证号码的第 6～7 位和第 14～15 位进行单击，建立分列线，单击"下一步"按钮，如图 5-1-33 所示。

步骤④：选中第一条分列线前面的一列（即身份证号码的前6位），选中"不导入此列（跳过）"单选按钮，使其变成"忽略列"，同理设置第二条分列线后面的一列（即身份证号码的最后4位）为"忽略列"，如图 5-1-34 所示。

图 5-1-33 建立分列线

图 5-1-34 设置"忽略列"

步骤⑤：选中两条分列线中间的数据（即身份证号码的第7～14位），单击"日期"单选按钮，"目标区域"框中填入"$E$3"（由于出生日期是要填入 E3 单元格中），单击"完成"按钮，如图 5-1-35 所示。出生日期的提取效果如图 5-1-36 所示。

图 5-1-35 设置导入列的格式和目标区域

图 5-1-36 完成出生日期的提取

7. 逐项完成其他数据的填写

所有数据录入后的效果如图 5-1-37 所示。

员工编号	姓名	性别	身份证号码	出生日期	所在部门	职务	职称	学历	入职时间	岗位等级	备注
130001	丹真次旦	男		1968/8/3	党政领导	副厅	正高级	本科	1990/3/17	4	
130002	赤曲	男		1974/5/8	党政领导	副厅	正高级	硕士	1996/4/19	3	
130003	扎西顿珠	男		1967/1/12	党政领导	正县	正高级	本科	1989/12/26	4	
130004	尼玛	男		1965/7/4	党政领导	正县	正高级	本科	1987/7/24	2	
130005	米玛	男		1970/2/3	党政领导	正县	副高级	硕士	1992/4/29	6	
130006	洛布江村	男		1973/3/13	党政领导	正县	副高级	本科	1995/3/12	7	
130007	仓觉卡	男		1974/10/11	党政领导	正县	副高级	本科	1996/11/13	5	
130008	巴桑欧珠	男		1967/10/20	党政领导	正县	副高级	本科	1989/11/12	7	
130009	达瓦次仁	男		1966/8/19	党政领导	正县	副高级	本科	1988/9/12	7	
130010	布琼	男		1983/1/8	办公室	副县	副高级	本科	2005/10/1	7	
130011	同措加	男		1969/3/11	办公室	正科	中级	硕士	1991/11/30	8	
130012	旦增旺堆	男		1982/5/4	办公室	正科	中级	本科	2004/8/27	9	

图 5-1-37 完成所有数据录入的效果图

5.1.3 任务三 "员工基本信息表"的美化

【情境和任务】

情境：员工基本信息数据输入完成后，我们经常需要对数据表格进行美化，如给表格加边框和底纹、让表格内容居中显示、设置数据格式、调整列宽和行高、进行字体设置等。这些都是工作表的格式化操作，通过这些操作，可以使表格达到我们想要的效果。

任务：员工基本信息表的美化。

【相关资讯】

对齐是指数据在单元格中的位置，可以将单元格中的内容水平对齐或垂直对齐。

（1）水平对齐

① 常规、靠左（缩进）、居中、靠右（缩进）：用于更改单元格中数据的对齐方式的位置分别为"常规""靠左""居中""靠右"对齐。

② 填充：重复单元格内容以填满整个单元格。

③ 两端对齐：在单元格中的左右两端都进行文本对齐。

④ 跨列对齐：在工作表中跨多个列居中标题。

（2）垂直对齐

① 靠上：将单元格内容靠上对齐。

② 居中：将单元格内容居中对齐。

③ 靠下：将单元格内容靠下对齐。

④ 两端对齐：在合并单元格的上下两端之间对齐文本。

⑤ 分散对齐：在合并单元格中从上到下均匀分散数据。

【任务实施】

1. 设置表格数据的字体、字号

步骤①：选中标题"员工基本信息表"，设置其字体为"宋体"，字号为"16 磅"。

步骤②：选中 A2:L402 单元格区域，设置其字体为"微软雅黑"，字号为"10 磅"。

2. 设置除标题之外的其他文本对齐方式在垂直和水平方向都为"居中对齐"

选中 A2:L402 单元格区域，单击"开始"→"对齐方式"组→"垂直居中"和"水平居中"按钮，或者单击该组的"功能扩展"按钮，在弹出的"设置单元格格式"对话框中选择"对齐"选项卡，设置水平对齐和垂直对齐都为"居中"即可，如图 5-1-38 所示。

图 5-1-38　设置文本的对齐方式

3. 设置单元格数据的行高和列宽

这里设置为"自动调整行高/列宽"。选中 A2:L402 单元格区域，选择"开始"→"单元格"

组→"格式"下拉按钮→"自动调整行高"和"自动调整列宽"选项，如图 5-1-39 所示。

图 5-1-39　设置单元格数据的行高和列宽

4. 设置自动套用表格格式

选中 A2:L402 单元格区域，选择"开始"→"样式"组→"套用表格格式"下拉按钮→"蓝色，表样式中等深浅 2"选项，在弹出的"套用表格式"对话框中单击"确定"按钮，如图 5-1-40 所示。设置完成自动套用表格格式后，效果如图 5-1-41 所示。

图 5-1-40　设置表格格式

员工编号	姓名	性别	身份证号码	出生日期	所在部门	职务	职称	学历	入职时间	岗位等级	备注
				员工基本信息表							
130001	丹真次旦	男		1968/8/3	党政领导	副厅	正高级	本科	1990/3/17	4	
130002	赤曲	男		1974/5/8	党政领导	副厅	正高级	硕士	1996/4/19	3	
130003	扎西顿珠	男		1967/1/12	党政领导	正县	正高级	本科	1989/12/26	4	
130004	尼玛	男		1965/7/4	党政领导	正县	正高级	本科	1987/7/24	2	
130005	米玛	男		1970/2/3	党政领导	正县	副高级	硕士	1992/4/29	6	
130006	洛布江村	男		1973/3/13	党政领导	正县	副高级	本科	1995/3/12	7	

图 5-1-41　自动套用格式效果图

📢 提示：这时列标题上出现筛选状态，如果不想要这种筛选状态，可以执行"设计"→"转换为区域"下拉按钮→"转换为普通区域"命令。

5. 设置窗口的冻结

对于比较长或比较大的表格来说，不能在一页内浏览完全部内容，当往下拖动表格时，就无法看到上面的标题，看到后面的内容都不知道对应的标题是什么。为了解决这个问题，这里需要做窗口的冻结。

选中 A3 单元格，选择"视图"→"窗口"组→"冻结窗格"下拉按钮→"冻结窗格"选项，如图 5-1-42 所示。设置完成后，Excel 会以这个单元格为"冻结点"，把第 1～2 行区域通过"冻结窗格"的形式固定住。

图 5-1-42　冻结窗格

【项目总结】

本子项目主要介绍了 Excel 2016 的一些基本操作，包括打开和保存 Excel 工作簿、重命名工作表、录入各种类型的数据、合并单元格、设置字体和字号、设置单元格格式、数据的自动填充、从身份证号码中提取出生日期等操作。

【知识拓展】

1. 自动保存功能设置

打开 Excel 2016 工作簿窗口，选择"文件"→"选项"选项，在弹出的对话框中设置自动保存相关操作，如图 5-1-43 所示。

图 5-1-43　设置自动保存功能

2. 修复受损的 Excel 文件

有时对文件编辑到一半时会遇到意外断电的情况，当再次打开该文件时，系统可能会提示文件受损无法打开等信息。对于这种情况，如果重新做，工作量较大，这时可以对文件进行修复操作。打开 Excel 工作簿，选择"文件"→"打开"选项，在弹出的对话框中选择"打开"下拉按钮→"打开并修复"选项，这种方法常用于无法打开受损文件的情况。

3. 斜线表头的制作

有些表格需要制作斜线表头，将光标定位在 A1 单元格中，右击，在弹出的快捷菜单中选择"设置单元格格式"选项，在弹出的对话框中的"边框"选项卡下单击"斜线"按钮，如图 5-1-44 所示。

图 5-1-44　制作斜线表头

4．改变在 Excel 单元格中"按 Enter 键"光标自动跳转的方向

默认情况下，在完成 Excel 单元格中数据的输入后，按 Enter 键会使当前单元格下方的单元格被激活，成为新的活动单元格，此时用户即可在该单元格中继续输入数据。有时，用户在输入数据时，需要从左向右输入而不是从上向下输入，这时采用默认的方式就会带来不便。实际上，用户可以根据需要对这个跳转方向进行设置。

步骤①：选择"文件"→"选项"选项，在弹出的对话框左侧列表中选择"高级"选项，在右侧的"编辑选项"栏中选中"按 Enter 键后移动所选内容"复选框，在"方向"下拉列表中选择"向右"选项，如图 5-1-45 所示。

图 5-1-45　设置按 Enter 键后光标的移动方向

步骤②：单击"确定"按钮，关闭对话框，在单元格中完成数据的输入后按 Enter 键，当前单元格右侧的单元格将被激活。

提示：在 Excel 中，如果在单元格中完成数据输入后，按 Alt+Enter 组合键，将在当前位置插入换行符，这样可以实现单元格内强制换行。

5．数据的自动填充

（1）等差数列数据填充

在两个相邻单元格中分别输入数字"1"和"2"，选中这两个单元格，将鼠标指针放置到选择单元格右下角的填充控制柄上。当鼠标变成"+"形状时，按住鼠标左键拖动，此时鼠标指针右方会出现一个数字，该数字代表当前填充的数字，当达到需要的数字时，释放鼠标即可完成数据的填充，此时数据将以开始两个数据的差为步进值进行等差填充。

（2）以 1 为步进值的等差填充

在单元格中输入起始数据，按住 Ctrl 键将鼠标指针放置到填充柄上，当鼠标变成+形状时，再按住鼠标左键拖动鼠标，此时将以 1 为步进值进行填充。

（3）自动填充日期

在单个单元格中输入日期，Excel 将按照日期加 1 的方式对单元格进行填充。

6. 使用记录单输入数据

步骤①：准备好要录入的表单的表头，把整个表单部分选中，然后在搜索栏中输入"记录单"，单击搜索出来的结果，如图 5-1-46 所示。

图 5-1-46 搜索"记录单"

步骤②：在表单中输入第一条内容，单击"新建"按钮，可以看到第一条内容已经录入成功，可以输入第二条了，如图 5-1-47 所示。

图 5-1-47 录入记录单数据

7. 一次性插入多行或多列

在第 5 行后插入 5 行空行，首先选中第 6～10 行，右击，在弹出的快捷菜单中选择"插入"选项，如图 5-1-48 所示，这时系统自动在第 5 行后面插入 5 行空白行，如图 5-1-49 所示。

图 5-1-48 选择"插入"选项

图 5-1-49 一次性插入多行

8. 设置 Excel 工作表标签颜色的常见方法

命名是识别 Excel 工作表的一种方式，而将工作表标签设置为不同的颜色是一种更加直观的区别不同工作表的方式。单击需要设置颜色的工作表标签，右击，在弹出的快捷菜单中选择"工作表标签颜色"选项，在打开的列表中选择所需颜色，即可将该颜色应用于工作表标签。

5.2 子项目二 制作"员工绩效工资表"

【情境描述】

情境：秉承多劳多得的原则，激励员工的工作积极性，绩效工资的激励机制是必不可少的，那么员工绩效工资主要体现在哪些方面呢？绩效工资又是如何核算的呢？我们通过下面的案例来解决这个问题。

【问题提出】

（1）如何设置表格的边框和底纹？

（2）如何设置表格的行高和列宽？

（3）在给定的"员工绩效工资表"中，怎样计算超课时量和应发金额？

（4）如何判定课时量是否达标？

（5）如何进行绩效工资的排名？

（6）如何统计达标的人数？

（7）如何从"员工绩效工资表"中找出最高绩效工资和最低绩效工资？

（8）平均绩效工资是如何计算的？

5.2.1 任务一 "员工绩效工资表"格式设置

【情境和任务】

情境：在给定的"员工绩效工资表"素材有几列列标题没能完全显示，但是又不想让表格整体加宽，能否让较长的列标题多行显示呢？给定的表格没有边框和底纹，能否设置出表格的边框和底纹呢？

任务："员工绩效工资表"格式设置。

【相关资讯】

① 边框：对表格中的线条样式、颜色进行设置。

② 底纹：对表格中单元格的填充颜色进行设置。

【任务实施】

1. 设置列标题自动换行功能

选中 A3:M3 单元格区域，单击"开始"→"对齐方式"组→"自动换行"按钮，如图 5-2-1 所示。将光标放在该行的下分割线上，当光标变成双箭头后，按住鼠标左键向下拖动，使文字完全显示，如图 5-2-2 所示。

图 5-2-1　设置列标为自动换行

图 5-2-2　调整列标的行高

2. 设置列标题的底纹

步骤①：选中 A3:M3 单元格区域，右击，在弹出的快捷菜单中选择"设置单元格格式"选项，如图 5-2-3 所示。

步骤②：在弹出的"设置单元格格式"对话框中选择"填充"选项卡，选中所需颜色，如图 5-2-4 所示。

图 5-2-3　选择"设置单元格格式"选项　　　　图 5-2-4　设置列标题的底纹

3．设置表格的边框

选中 A3:M408 单元格区域，打开"设置单元格格式"对话框，选择"边框"选项卡，在"直线"栏中选择"虚线线条"样式，然后再依次选择"外边框"和"内部"选项，完成表格边框的设置，如图 5-2-5 所示，完成效果如图 5-2-6 所示。

图 5-2-5　设置表格的边框

					员工绩效工资表							
	A	B	C	D	E	F	G	H	I	J	K	L	M
1													
2	统计年度：		2020至2021年度										
3	序号	员工编号	姓名	所在部门	职称	课时总量（课时）	额定课时量（课时）	超课时量（课时）	超课时量补助标准（元）	应发金额（元）	是否达标	排名	备注
4	1	130001	丹真次旦	党政领导	正高级	180	180		60				
5	2	130002	赤曲	党政领导	正高级	206	180		60				
6	3	130003	扎西顿珠	党政领导	正高级	222	180		60				
7	4	130004	尼玛	党政领导	正高级	261	180		60				
8	5	130005	米玛	党政领导	副高级	294	220		50				
9	6	130006	洛布江村	党政领导	副高级	220	220		50				
10	7	130007	仓觉卡	党政领导	副高级	455	220		50				
11	8	130008	巴桑欧珠	党政领导	副高级	471	220		50				

图 5-2-6　完成表格格式设置的效果图

5.2.2　任务二　利用函数完成"员工绩效工资表"的各项数据

【情境和任务】

情境：在给定的"员工绩效工资表"中，怎样计算超课时量、应发金额呢？如何判定课时总量是否达标？如何进行绩效工资的排名？如何统计课时总量是否达标的人数？如何从"员工绩效工资表"中找出最高绩效工资和最低绩效工资？平均绩效工资是如何计算的？

任务：利用函数完成"员工绩效工资表"的各项数据。

【相关资讯】

1．单元格地址

① 相对地址：这是最常用的一种，比如，在计算学生总成绩时，只要计算第一行的总成绩，然后将鼠标移到填充柄上并向下拖动，完成公式的复制，这时候单元格的引用就是相对引用。存放结果的单元格发生变化，它所引用的单元格也发生变化。它的形式是列标加行号，如 D5、A3、E8 等。

② 绝对地址：绝对地址的表示形式为在列标与行号的前面同时加上一个"$"符号，如$D$6。若某公式中含有绝对地址，系统记录的就是该地址单元本身，不论公式被复制到什么位置，公

式中的绝对地址不变。

③ 混合地址：在一个单元格地址引用中，既有绝对地址引用，也包含相对单元格地址引用，如$A3。

2. 运算符及其优先级

① 第一优先级是引用运算符里面的冒号"："、逗号"，"和空格运算符。

② 第二优先级是负号"－"，属于算术运算符。

③ 第三优先级是百分号"%"，属于算术运算符。

④ 第四优先级是求幂"^"，属于算术运算符，如 2 的三次方。

⑤ 第五优先级是乘法"*"和除法"/"，属于算术运算符。

⑥ 第六优先级是加法"+"和减法"－"，属于算术运算符。

⑦ 第七优先级是连接运算符"&"，属于文本运算符。

⑧ 第八优先级是比较运算符，如等于"="、大于"＞"、小于"＜"、大于等于"＞="、小于等于"<="、不等于"＜＞"等。

3. 公式的输入

在单元格中，输入公式必须先输入一个等于符号"="，然后再输入公式，公式中可以包含各种运算符、常量、变量、单元格引用以及函数等。公式可以引用同一工作表中的单元格，也可以引用同一工作簿中不同工作表中的单元格，甚至是引用其他工作簿的工作表中的单元格。当输入一个公式后，可以将公式复制到其他单元格，复制公式可以用选择性粘贴，还可以利用填充柄进行公式的复制（但该公式所涉及的单元格中必须有数据）。

4. 函数的应用

Excel 是一个具有强大计算功能的电子表格软件，其内置了数百个函数，使用这些函数可以创建各种用途的公式。使用 Excel 函数和公式，用户可以对数据进行汇总求和、实现数据的筛选和查找、对文本进行各种处理、操作工作表中的各类数据以及进行各种复杂计算，从而提高工作效率，实现对数据的分析处理。下面介绍本任务所用到的相关函数。

（1）条件函数 IF

<语法>=IF(logical_test,value_if_true,value_if_false)

<功能>当逻辑测试条件 logical_test 为 TRUE 时，返回 value_if_true 的结果，否则返回 value_if_false 的结果。

<说明>=IF(条件判断, 结果为真返回值, 结果为假返回值)

<举例>=IF(1>2,"判断真","判断假")

其中判断 1 大于 2 结果是假，也就是 FALSE，所以单元格返回第三参数文本"判断假"。

（2）满足条件的记录数函数 COUNTIF

<语法>=COUNTIF(range,criteria)

<功能>计算给定区域 range 内满足特定条件 criteria 单元格的数目。

<说明>= COUNTIF(条件区域,条件)

参数 range 表示条件区域——对单元格进行计数的区域。

参数 criteria 表示条件——条件的形式可以是数字、表达式或文本，甚至可以使用通配符。

<举例>= COUNTIF(A1:H1," √")

统计 A1 至 H1 单元格区域内的"√"的个数。

（3）求最大值的函数 MAX

<语法>=MAX(number 1,[number 2]，…)

<功能>计算各参数中数值的最大值或所选定单元格区域数值的最大值。

<说明>number 1,number 2,…为需要计算最大值的 1～30 个参数，number 1 是必需的，后续数字是可选的，这些参数可以是数值、单元格引用或函数，文本、空白单元格或逻辑值被忽略。

<举例>=MAX(A1:H1)

统计 A1 至 H1 单元格区域内的所有值的最大值。

（4）求最小值的函数 MIN

<语法>=MIN(number 1,[number 2],…)

<功能>计算各参数中的数值的最小值或所选定单元格区域中数值的最小值。

<说明>number 1,number 2,…为需要计算最小值的 1～30 个参数，number 1 是必需的，后续数字是可选的，这些参数可以是数值、单元格引用或函数，文本、空白单元格或逻辑值被忽略。

<举例>= MIN(A1:H1)

统计 A1 至 H1 单元格区域内的所有值的最小值。

（5）求平均值的函数 AVERAGE

<语法>=AVERAGE(number 1,[number 2]，…)

<功能>计算各参数中的数值的平均值或所选定单元格区域中数值的平均值。

<说明>number 1,number 2,…为需要计算平均值的 1～30 个参数，number 1 是必需的，后续数字是可选的，这些参数可以是数值、单元格引用或函数，文本、空白单元格或逻辑值被忽略。

<举例>= AVERAGE(A1:H1)

计算 A1 至 H1 单元格区域内所有值的平均值。

（6）排序函数 RANK.EQ

<语法>=RANK.EQ(number,ref,[order])

<功能>返回一个 number 值在一组数值 ref 中的排位。

<说明>

① number 为需要排位的数字。

② ref 为包含一组数字的数组或引用，ref 参数必须使用绝对引用。

③ order 为一个数字，指明排位的方式，如果 order 为 0 或省略，则按降序排名，即第 1 名为最高值，如果 order 不为 0，则按升序排名，第 1 名为最低值。

<举例>=RANK.EQ(J4,$J$4:$J$403,0)

是指 J4 单元格内的数值在 J4 至 J403 区间内所有数值中按降序进行排名后的名次。

5. 条件格式

条件格式在 Excel 表格中十分有用，条件格式中有一个简单的功能——突出显示单元格规则，可以让特殊的值以特殊的颜色显示出来，便于区分。

6. 筛选

Excel 中的筛选图标是一个漏斗,非常形象,其寓意是从众多内容中筛选出我们需要的信息。

【任务实施】

1. 利用公式"超课时量=课时总量-额定课时量"计算出所有员工的超课时量

步骤①：选中 H4 单元格，在编辑栏中输入"=F4-G4"，然后按 Enter 键或单击编辑栏上的"√"按钮，如图 5-2-7 所示。

序号	员工编号	姓名	所在部门	职称	课时总量（课时）	额定课时量（课时）	超课时量（课时）	超课
1	130001	丹真次旦	党政领导	正高级	210	180	30	
2	130002	赤曲	党政领导	正高级	206	180		

统计年度：2020至2021年度

员工绩效工资表

图 5-2-7 计算第一个员工的超课时量

步骤②：完成所有员工的超课时量计算。选中 H4 单元格，将光标放在其右下角，当光标变成"+"形状时，按住鼠标左键拖动至 H403 单元格，释放鼠标即可完成所有员工超课时量的计算，如图 5-2-8 所示。

员工绩效工资表

统计年度：2020至2021年度

序号	员工编号	姓名	所在部门	职称	课时总量（课时）	额定课时量（课时）	超课时量（课时）	超课时量补助标准（元）
1	130001	丹真次旦	党政领导	正高级	210	180	30	60
2	130002	赤曲	党政领导	正高级	206	180	26	60
3	130003	扎西顿珠	党政领导	正高级	222	180	42	60
4	130004	尼玛	党政领导	正高级	261	180	81	60
5	130005	米玛	党政领导	副高级	294	220	74	50

图 5-2-8 完成所有员工超课时量的计算

2. 利用公式"应发金额=超课时量*超课时补助标准"计算出所有员工的应发金额

步骤①：选中 J4 单元格，在编辑栏中输入"=H4*I4"，然后按 Enter 键或单击编辑栏上的"√"按钮，如图 5-2-9 所示。

员工绩效工资表

2021年度

所在部门	职称	课时总量（课时）	额定课时量（课时）	超课时量（课时）	超课时量补助标准（元）	应发金额（元）
党政领导	正高级	210	180	30	60	=H4*I4
党政领导	正高级	206	180	26	60	

图 5-2-9 计算第一个员工的应发金额

步骤②：完成所有员工应发金额的计算。选中 J4 单元格，将光标放在其右下角，当光标变成"+"形状时，按住鼠标左键拖动至 J403 单元格，释放鼠标即可完成所有员工应发金额的计算，如图 5-2-10 所示。

图 5-2-10   完成所有员工应发金额的计算

3. 利用条件函数 IF 判定每位员工的课时总量"是否达标"

判定条件是"如果'超课时量>=0'，那么就'达标'，否则就'不达标'"。

（1）方法一

步骤①：选中 K4 单元格，然后单击"*fx*"按钮或者选择"公式"→"函数库"组→"自动求和"下拉按钮→"其他函数"选项，如图 5-2-11 所示。

步骤②：在弹出的"插入函数"对话框中选中"IF"函数，单击"确定"按钮，如图 5-2-12 所示。

图 5-2-11   打开"插入函数"对话框

图 5-2-12   选择"IF"函数

步骤③：在弹出的"函数参数"对话框的 Logical_test 文本框中输入"H4>=0"，在 Value_if_true 文本框中输入"是"，在 Value_if_false 文本框中输入"否"，单击"确定"按钮，如图 5-2-13 所示。

图 5-2-13   设置 IF 函数的参数

步骤④：判定所有员工课时总量是否达标。选中 K4 单元格，将光标放在其右下角，当光标变成"+"形状时，按住鼠标左键拖动至 K403 单元格，释放鼠标即可判定所有员工的课时总量是否达标，如图 5-2-14 所示。

图 5-2-14 完成所有员工的课时总量是否达标的判定

（2）方法二

直接在编辑栏中输入"=IF(H4>=0,"是","否")"，然后按 Enter 键即可。以下的函数为了减少篇幅，我们都用使第二种方法。

提示：在 Excel 中输入公式或者函数时，需要在英文半角状态下输入符号。

4. 利用排位函数 RANK.EQ 对"应发金额"列进行排名

步骤①：选中 L4 单元格，在编辑栏中输入"=RANK.EQ(J4,$J$4:$J$403,0)"，然后按 Enter 键，如图 5-2-15 所示。

图 5-2-15 对"应发金额"列进行排名

步骤②：判定所有员工应发金额的排名。选中 L4 单元格，将光标放在右下角，当光标变成"+"形状时，按住鼠标左键拖动至 L403 单元格，释放鼠标即可完成所有员工应发金额的排名，如图 5-2-16 所示。

图 5-2-16 判定所有员工应发金额的排名

提示：这里的区间范围$J$4:$J$403 用的是绝对地址，因为无论是判定哪个人的应发金额的排名，总的区间范围是不变的。

5. 利用统计函数 COUNTIF 统计课时总量达标和不达标的人数

这是要统计"是否达标"列中"是"的个数或者"否"的个数，步骤如下。

步骤①：选中 E406 单元格，然后直接在编辑栏中输入"=COUNTIF(K4:K403,"是")"，然后按 Enter 键，如图 5-2-17 所示。

步骤②：同理，选中 E407 单元格，在编辑栏中输入"=COUNTIF(K4:K403,"否")"，然后按 Enter 键，如图 5-2-18 所示。

图 5-2-17　统计课时总量达标的人数　　　图 5-2-18　统计课时总量不达标的人数

6. 利用求最大值函数 MAX 找出最高的绩效工资（从"应发金额"列中找出其最大值）

选中 K406 单元格，在编辑栏中输入"=MAX(J4:J403)"，然后按 Enter 键，如图 5-2-19 所示。

图 5-2-19　求"应发金额"列的最大值

7. 利用求最小值函数 MIN 找出最低的绩效工资（从"应发金额"列中找出其最小值）

选中 K407 单元格，在编辑栏中输入"=MIN(J4:J403)"，然后按 Enter 键，如图 5-2-20 所示。

图 5-2-20　求"应发金额"列的最小值

8. 利用求平均值函数 AVERAGE 计算绩效工资的平均值（计算"应发金额"列中的平均值）

选中 K408 单元格，在编辑栏中输入"=AVERAGE(J4:J403)"，然后按 Enter 键，如图 5-2-21 所示。

=AVERAGE(J4:J403)							
	E	F	G	H	I	J	K	L
部	中级	140	240	-100	40	-4000	否	388
部	初级	278	260	18	30	540	是	302
部	中级	0	240	-240	40	-9600	否	398
部	正高级	185	180	5	60	300	是	311
部	正高级	198	180	18	60	1080	是	283
部	初级	282	260	22	30	660	是	298
部	初级	273	260	13	30	390	是	308
员工绩效工资统计分析							
	人数		百分比		统计		应发金额
	358				最高绩效工资		37350
	42				最低绩效工资		-11000
					平均绩效工资		5990

图 5-2-21　计算所有员工绩效工资的平均值

9. 利用公式求出课时总量达标和不达标人数在总人数中的占比（百分比）

步骤①：选中 G406 单元格，在编辑栏中输入"=E406/400"，然后按 Enter 键；同理，选中 G407 单元格，在编辑栏中输入"=E407/400"，然后按 Enter 键，如图 5-2-22 所示。

G406		× ✓ fx	=E406/400				
	A	B	C	D	E	F	G	H
400	397	130397	次仁德吉	基础教育部	正高级	185	180	5
401	398	130398	扎西次仁	基础教育部	正高级	198	180	18
402	399	130399	扎西德勒	基础教育部	初级	282	260	22
403	400	130400	次仁白吉	基础教育部	初级	273	260	13
404					员工绩效工资统计分析			
405			百分制		人数		百分比	
406	员工绩效工资表		达标人数		358		0.90	
407			不达标人数		42		0.11	

图 5-2-22　计算达标和不达标人数的占比

步骤②：现在算出的百分比是小数形式，需要设置单元格格式为"百分比"。选中 E406:E407 单元格区域，右击，在弹出的快捷菜单中选择"设置单元格格式"选项，然后选择"数字"选项卡中"分类"列表中的"百分比"选项，如图 5-2-23 所示。完成后效果如图 5-2-24 所示。

图 5-2-23　设置单元格格式为百分比形式　　　　图 5-2-24　设置完成效果图

10. 利用条件格式突出显示不达标的情况

步骤①：选中 K4:K403 单元格区域，选择"开始"→"样式"组→"条件格式"下拉按钮→"突出显示单元格规则"→"文本包含"选项，如图 5-2-25 所示。

步骤②：在弹出的对话框的"为包含以下文本的单元格设置格式"框中输入"否"，在"设置为"下拉列表中选择"浅红填充色深红色文本"选项即可，如图 5-2-26 所示。

图 5-2-25　选择条件格式　　　　图 5-2-26　设置不达标的"否"单元格突出显示

11. 筛选出正高级职称员工中应发金额小于 0 的员工信息

由于单位要求正高级职称员工尽量完成额定课时量，如果课时总量不达标，其应发金额就小于 0。

步骤①：选中 A3:M3 单元格区域，选择"开始"→"编辑"组→"排序和筛选"下拉按钮→"筛选"选项，如图 5-2-27 所示。

步骤②：单击"职称"下拉按钮，在弹出的快捷菜单中选中"正高级"复选框，可以先筛选出正高级职称的员工信息，如图 5-2-28 所示。然后单击"应发金额"下拉按钮，

图 5-2-27　选择"筛选"选项

在弹出的快捷菜单中选择"数字筛选"→"小于"选项，如图 5-2-29 所示，在弹出的对话框中输入"小于 0"，单击"确定"按钮，如图 5-2-30 所示。

图 5-2-28　筛选条件"正高级"　　　图 5-2-29　设置数字筛选条件　　　图 5-2-30　设定"小于 0"的筛选条件

步骤③：最终筛选结果如图 5-2-31 所示。如果要取消筛选，执行"开始"→"编辑"组→"排序和筛选"下拉按钮→"筛选"命令，取消筛选即可。

员工绩效工资表

序号	员工编号	姓名	所在部门	职称	课时总量（课时）	额定课时量（课时）	超课时量（课时）	超课时量补助标准（元）	应发金额（元）	是否达标	排名	备注
统计年度：	2020至2021年度											
295	130295	边巴曲珍	建工学院	正高级	172	180	−8	60	−480	否	367	
296	130296	扎西拉珠	建工学院	正高级	166	180	−14	60	−840	否	375	
329	130329	普布多吉	机电工程学院	正高级	170	180	−10	60	−600	否	371	
340	130340	次仁普尺	机电工程学院	正高级	159	180	−21	60	−1260	否	377	
368	130368	次仁多吉	基础教育部	正高级	0	180	−180	60	−10800	否	399	

图 5-2-31　完成筛选效果图

【项目总结】

本子项目主要介绍了单元格地址、各种运算符的应用、公式的输入、条件函数 IF、满足条件的记录数函数 COUNTIF、求最大值的函数 MAX、求最小值的函数 MIN、求平均值的函数 AVERAGE、排序函数 RANK.EQ、条件格式、筛选等应用。

【知识拓展】

1. 公式输入错误提示相关错误信息

在 Excel 2016 中，如果输入的公式不符合要求，将无法正确地计算结果，此时会在单元格显示错误信息。

（1）出现"#####"错误

单元格的宽度不够，就会在该单元格中出现"#####"错误。另外，在输入数值时，输入的数值太长也会出现此错误。解决方法：调整列宽。

（2）出现"#DIV/0!"错误

当公式中出现除数为 0 的情况时，会出现"#DIV/0!"错误。解决方法：修改单元格引用或者把握用作除数的单元格中数值不能为 0。

（3）出现"#N/A"错误

在公式中使用查找功能的函数时，找不到匹配的值，会出现"#N/A"错误。解决方法：输入数值或参数。例如，要在 A8 单元格中输入学号，以查找该同学的语文科目成绩。B8 单元格中的公式为"=VLOOKUP(A8,A2:E5,5,FALSE)"，我们在 A8 中输入了学号"206"，由于这个学号在 A2:A5 中并没有和它匹配的值，因此出现了"#N/A"错误。

（4）出现"#NAME?"错误

在公式中删除了公式中使用的名称或者名称无法识别，会出现"#NAME?"错误。例如，我们想求出 C2:C5 区域的和，在 C6 单元格输入的公式为"=SNM(C2:C5)"，按回车键后出现了"#NAME?"错误，这是因为将函数"SUM"错误地拼写成了"SNM"，Excel 无法识别，因此出错。解决方法：把函数名称拼写正确即可修正错误。

（5）出现"#NUM!"错误

如果公式返回的错误值为"#NUM!"，这常常是因为当公式需要数字型参数时，我们却给了它一个非数字型参数。例如，我们要求数字的平方根，在 B2 单元格中输入公式"=SQRT(A2)"并填充到 B4 单元格，由于 B4 单元格前的 A4 单元格中的数字为"−4"，不能对负数开平方，这是一个无效的参数，因此出现了"#NUM!"错误。解决方法：把负数改为正数即可。

（6）出现"#REF!"错误

公式返回的错误值为"#REF!"，这常常是因为公式中使用了无效的单元格引用。通常如下这些操作会导致公式引用无效的单元格：删除了被公式引用的单元格；把公式复制到含有引用自身的单元格中。

2. 在 Excel 表格新行中自动填充公式的方法

在使用 Excel 时，有时需要向工作表中添加新的数据。例如，在工作表的最后添加一行或多行新数据，这些数据的计算与上面的数据计算方法相同，此时可以将上面行中的公式自动拓展到该行。

步骤①：打开"Excel 选项"对话框，在左侧列表中选择"高级"选项，在"编辑选项"栏中选中"扩展数据区域格式及公式"复选框，单击"确定"按钮，关闭对话框，如图 5-2-32 所示。

图 5-2-32　设定拓展区域格式及公式

步骤②：在工作表的最后一行添加新的数据，当选择该行公式计算的单元格时，Excel 将上一行的公式扩展到该单元格。

提示： 在 Excel 中使用"扩展数据区域格式及公式"功能时，单元格区域中必须要有连续4 个及以上的单元格具有重复使用的公式，只有这样才能在其下的行中输入数据后将公式扩展到该行。

5.3　子项目三　制作"员工工资总表"

【情境描述】

情境：前面计算出了员工的绩效工资，然而工资除了绩效工资，应该还有岗位工资、学历工资、西藏特殊津贴、住房补贴、工龄工资，并且每个月还要扣除各种保险等，那么每个月到底能够领到的实发工资是多少呢？各种工资类别又是如何核算的呢？

【问题提出】

（1）如何核算岗位工资、学历工资？

（2）如何计算西藏特殊津贴、住房补贴、工龄工资等？

（3）如何核算各种保险的金额？

（4）如何核算每个月的实发工资？

5.3.1　任务一　员工工资总表中"基本工资"的核算

【情境和任务】

情境：基本工资应该包括岗位工资和学历工资，每个人由于岗位和学历不同，所以对应的岗位工资和学历工资也不同，如果要根据给定的岗位工资和学历工资对应表逐个填写 400 个员工的岗位工资和学历工资，工作量是非常大的，那么有没有快速填入这两项数据的方法呢？

任务：员工工资总表中"基本工资"的核算。

【相关资讯】

查找函数 VLOOKUP

<语法>=VLOOKUP(lookup_value,table_array,col_index_num,range_lookup)

<功能>在指定的查找匹配要求下，搜索表区域首列满足条件的元素，按列查找，最终返回该列所需查询序列所对应的值。

<说明>

① lookup_value：为需要在数组第一列中查找的数值，可以为数值引用或文本字符串。

② table_array：为需要在其中搜索数据的数据表，可以使用对区域或区域名称的引用。

③ col_index_num：为满足条件的单元格在 table_array 的列序号。

④ range_lookup：指定在查找时要求精确匹配，如果是 FALSE 则为精确匹配，如果是 TRUE 则忽略为大致匹配。

即==VLOOKUP(找谁,从哪找,返回其对应值的列序号,精确查找还是大致查找)

<举例>=VLOOKUP(I3,岗位和学历工资对应表!$B$2:$C$12,2,FALSE)

找"第一个员工的岗位等级"，从"岗位和学历工资对应表"的$B$2:$C$12 区域中查找，返回对应的"第 2 列的数据（岗位工资）"，精确查找。

【任务实施】

1．利用查找函数 VLOOKUP 快速填入岗位工资

通过分析可以知道，要想填入每个员工的岗位工资，只要从"岗位和学历工资对应表"中找到其岗位等级所对应的"岗位工资"，然后填入"员工工资总表"的"岗位工资"单元格中即可。

步骤①：选中 J3 单元格，在编辑栏中输入"=VLOOKUP(I3,岗位和学历工资对应表!$B$2:$C$12, 2,FALSE)"，然后按 Enter 键，如图 5-3-1 所示。

图 5-3-1　填入第一位员工的"岗位工资"

提示：　"=VLOOKUP(I3,岗位和学历工资对应表!$B$2:$C$12,2,FALSE)"对应解释如下。

VLOOKUP 表示查找函数；I3 表示第一个员工的岗位等级；岗位和学历工资对应表!$B$2:$C$12 表示从"岗位和学历工资对应表"的 $B$2:$C$12 区域中查找对应的"岗位等级"；2 表示填入相对应"岗位级别"后的第 2 列数据（岗位工资）；FALSE 表示精确查找。

步骤②：自动填充所有员工"岗位工资"。选中 J3 单元格，将光标放在其右下角，当光标变成"+"形状后，双击，相关数据会快速填充至 J402 单元格，完成所有员工的岗位工资的填写，效果如图 5-3-2 所示。

图 5-3-2　完成所有员工的岗位工资填充

提示：通过双击进行数据填充的必要条件是需要填充的数据为连续列，非连续列是不可以通过双击进行填充的。

2．利用查找函数 VLOOKUP 快速填入学历工资

与填充"岗位工资"相似，选中 K3 单元格，在编辑栏中输入"=VLOOKUP(G3,岗位和学历工资对应表!$E$2:$F$5,2,FALSE)"，然后按 Enter 键，即可完成第一个员工的"学历工资"的填写，再利用自动填充操作完成所有员工的"学历工资"的填写，如图 5-3-3 所示。

图 5-3-3　填入员工的"学历工资"

3．利用公式"基本工资小计=岗位工资+学历工资"完成基本工资小计的核算

选中 L3 单元格，在编辑栏中输入"=J3+K3"，然后按 Enter 键，即可完成第一个员工的"基本工资小计"的计算，再利用自动填充操作完成所有员工的"基本工资小计"的计算，如图 5-3-4 所示。

图 5-3-4　基本工资小计的计算

5.3.2　任务二　员工工资总表中"应发合计"的核算

【情境和任务】

情境：工资中除了基本工资，还包括西藏特殊津贴、住房补贴、工龄工资以及绩效工资，现在需要把对应的各项津补贴填入工资总表中，然后把这些数据加起来才能核算出应发合计。

任务：员工工资总表中的"应发合计"的核算。

【相关资讯】

1．插入当前日期函数 TODAY

<语法>TODAY ( )

<功能>返回当前系统的日期。

<说明>该函数没有参数，只用一对括号即可。

<举例>在单元格中输入"=today( )"公式，即可得到当前系统的日期。

2．日期计算函数 DATEDIF

<语法>DATEDIF(start_date,end_date,unit)

<功能>计算两日期之差。

<说明>

① start_date 为一个日期，它代表时间段内的第一个日期或起始日期（起始日期必须在 1900 年之后）。

② end_date 为一个日期，它代表时间段内的最后一个日期或结束日期。

③ unit 为所需信息的返回类型。

提示：结束日期必须晚于起始日期。

<举例>=DATEDIF(H3,TODAY( ),"y")

H3 单元格中存放第一个员工的入职日期，TODAY( )表示当前日期，y 表示前后两个日期所差的年份。所以该公式可用来求第一个员工的工龄。

3．求和函数 SUM

<语法>=SUM(number 1,[number 2],...)

<功能>计算各参数中的数值的总和或所选定单元格区域中数值的总和。

<说明>number 1,number 2,…为需要计算总和的 1～30 个参数，number 1 是必需的，后续数字是可选的，这些参数可以是数值、单元格引用或函数，文本、空白单元格或逻辑值被忽略。

<举例>=SUM(A1:H1)

计算 A1 至 H1 单元格区域内的所有值的总和。

【任务实施】

1．完成"西藏特殊津贴"和"住房补贴"的数据输入

按照发放标准，处于一个地区的员工，西藏特殊津贴和住房补贴的发放金额是相同的，这里发放的西藏特殊津贴都是 6000 元整，住房补贴都是 1400 元整。

步骤①：选中 M3 单元格，在编辑栏中输入"6000"，然后按 Enter 键，即可完成第一个

员工的"西藏特殊津贴"的录入，再利用自动填充操作完成所有员工的"西藏特殊津贴"的录入，如图 5-3-5 所示。

步骤②：利用相同的方法，填入"住房补贴"的数据即可，如图 5-3-6 所示。

图 5-3-5　录入所有员工的西藏特殊津贴

图 5-3-6　录入所有员工的住房补贴

提示：不同情况下，相同数据的输入方法如下。

① 相同数值型数据的输入：输入第一个数据后，直接拖动填充柄进行填充。

② 相同字符数字的输入：输入第一个数据后，按住 Ctrl 键拖动填充柄进行填充。

③ 输入第一个数据后，选择包括第一个数据在内要填充的单元格区域，执行"开始"→"编辑"组→"填充"下拉按钮→"向下填充"或"向左填充"命令。

④ 选定要输入相同数据的单元格区域，在第一个单元格中输入内容后，按 Ctrl+Enter 组合键，则每个单元格将会输入相同的内容。

⑤ 多个工作表中相同数据的输入：选定多个工作表，然后输入数据，则可以在所选的每个工作表的相同位置的单元格中都输入相同的数据。

2. 计算所有员工的"工龄工资"

工龄每多一年，工龄工资多 50 元，即核算"工龄工资"的方法是"员工的工龄*50"，这里需要通过日期计算函数 DATEDIF 和插入当前日期函数 TODAY 来核算出工龄。

选中 O3 单元格，在编辑栏中输入"=DATEDIF(H3,TODAY(),"y")*50"，然后按 Enter 键，即可完成第一个员工的"工龄工资"的计算，再利用自动填充操作完成所有员工的"工龄工资"的计算，如图 5-3-7 所示。

图 5-3-7　核算所有员工的工龄工资

提示："=DATEDIF(H3,TODAY(),"y")*50"对应解释如下。

DATEDIF 表示计算日期函数；H3 表示第一个员工的入职日期；TODAY()表示获得系统当前时间；y 表示当前日期减去入职时间的年数；50 表示一年工龄增加 50 元。

3. 利用求和函数 SUM 计算"应发合计"

"应发合计=基本工资小计+西藏特殊津贴+住房补贴+工龄工资"。选中 P3 单元格，在编辑栏中输入"=SUM(L3:O3)"，然后按 Enter 键，即可完成第一个员工的"应发合计"的录入，再利用自动填充操作完成所有员工的"应发合计"数据的录入，如图 5-3-8 所示。

=SUM(L3:O3)										

F	G	H	I	J	K	L	M	N	O	P
				员工工资总表						
职称	学历	入职时间	岗位等级	岗位工资	学历工资	基本工资小计	西藏特殊津贴	住房补贴	工龄工资	应发合计
正高级	本科	1990/3/17	4	4000	270	4270	6000	1400	1550	13220
正高级	硕士	1996/4/19	3	4500	320	4820	6000	1400	1250	13470
正高级	本科	1989/12/26	4	4000	270	4270	6000	1400	1550	13220
正高级	本科	1997/1/24		5000	270			1400	1650	

图 5-3-8　计算所有员工的应发合计

5.3.3　任务三　员工工资总表中"扣款合计"和"实发工资"的核算

【情境和任务】

情境：前面完成了"应发合计"的核算，那么每个月是否真的可以领到"应发合计"的数额呢？答案是否定的，因为每个月还需要通过个人账户缴纳各种保险等，实际上领取到的实发工资应该是用应发合计减去这些费用。

任务：员工工资总表中"扣款合计"和"实发工资"的核算。

【相关资讯】

1．五险一金

五险一金是指用人单位给予劳动者的几种保障性待遇的合称，包括养老保险、医疗保险、失业保险、工伤保险和生育保险以及住房公积金。

2．劳动合同

根据《中华人民共和国劳动法》第十六条第一款规定：劳动合同是劳动者与用人单位之间确立劳动关系、明确双方权利和义务的协议。根据这个协议，劳动者加入企业、个体经济组织、事业组织、国家机关、社会团体等用人单位，成为该单位的一员，承担一定的工种、岗位或职务工作，并遵守所在单位的内部劳动规则和其他规章制度；用人单位应及时安排被录用的劳动者工作，按照劳动者提供劳动的数量和质量支付劳动报酬，并且根据劳动法律、法规规定和劳动合同的约定提供必要的劳动条件，保证劳动者享有劳动保护及社会保险、福利等权利和待遇。

3．选择性粘贴

选择性粘贴是 Microsoft Office、金山 WPS 等众多软件中的一种粘贴选项，通过使用选择性粘贴，用户能够将剪贴板中的内容粘贴为不同于内容源的格式。选择性粘贴在 Word、Excel、PowerPoint 等软件中具有重要作用，例如，可以将剪贴板中的 Excel 单元格数据只粘贴公式或者只粘贴数值。

【任务实施】

1．完成各类保险的核算

个人账户缴纳各类保险的比例是不同的，本案例按照下列比例核算："住房公积金"缴纳金额为"应发合计"的 12%，"养老保险"缴纳金额为"应发合计"的 8%，"职业年金"缴纳金额为"应发合计"的 4%，"医疗保险"缴纳金额为"应发合计"的 2%，"失业保险"缴纳金额为"应发合计"的 0.5%。

步骤①："住房公积金"的核算。选中 Q3 单元格，在编辑栏中输入"=P3*12%"，然后按 Enter 键，即可完成第一个员工的"住房公积金"的录入，再利用自动填充操作完成所有员工的"住房公积金"数据的录入，如图 5-3-9 所示。

图 5-3-9　完成所有员工的住房公积金的核算

步骤②：同理，按照各类保险缴纳金额在"应发合计"中的占比，逐项完成其他保险的核算即可。

2. 完成"扣款合计"的计算

扣款合计就是所缴纳的住房公积金和各类保险的总和，利用求和函数 SUM 完成即可。选中 V3 单元格，在编辑栏中输入"=SUM(Q3:U3)"，然后按 Enter 键，即可完成第一个员工的"扣款合计"的录入，再利用自动填充操作完成所有员工的"扣款合计"数据的录入，如图 5-3-10 所示。

图 5-3-10　完成所有员工的扣款合计

3. 利用公式"实发工资=应发合计-扣款合计"完成所有员工的"实发工资"的计算

选中 W3 单元格，在编辑栏中输入"=P3-V3"，然后按 Enter 键，即可完成第一个员工的"实发工资"的录入，再利用自动填充操作完成所有员工的"实发工资"数据的计算，如图 5-3-11 所示。

图 5-3-11　计算所有员工的实发工资

4. 设置小数位数

在"失业保险"、"扣款合计"和"实发工资"3 列中，有的数据带小数位数，有的数据为整数，为了统一规格，这里统一设置为保留两位小数的格式。选中 U3:W402 单元格区域，右击，在弹出的快捷菜单中选择"设置单元格格式"选项，在出现的对话框中选择"分类"栏中的"数值"选项，设置"小数位数"为"2"，单击"确定"按钮，如图 5-3-12 所示。

图 5-3-12　设置单元格格式为保留两位小数

5. 重新修改表格自动套用格式

完成了"员工工资总表"中的所有数据的录入和核算后，因为进行了许多"自动填充"的操作，破坏了原有的样式，所以要重新进行格式设置。

步骤①：选中 A2:X402 单元格区域，选择"开始"→"编辑"组→"清除"下拉按钮→"清除格式"选项，清除掉原有的自动套用格式，如图 5-3-13 所示。

步骤②：选择"开始"→"样式"组→"套用表格样式"下拉按钮→"蓝色，表格样式中等深线 2"选项，如图 5-3-14 所示。

图 5-3-13　清除原有自动套用格式　　　　图 5-3-14　重新设置自动套用表格样式

步骤③：单击"设计"→"工具"组→"转换为区域"按钮，取消自动套用表格格式里面的筛选功能，如图 5-3-15 所示。

图 5-3-15　删除自动套用表格样式的筛选功能

6. 制作"员工 12 月份工资总表"

由于绩效工资不是每个月都核算，而是在年底 12 月份统一核算一次，所以在原来的"员工工资总表"中增加一列"绩效工资"即可。

步骤①：复制"员工工资总表"。选中"员工工资总表"工作表标签，右击，在弹出的快捷菜单中选择"移动或复制"选项，如图 5-3-16 所示。在弹出的对话框中的"下列选定工作表之前"栏中选择"岗位和学历工资对应表"选项，选中"建立副本"复选框，如图 5-3-17 所示。将出现的副本"员工工资总表（2）"重命名为"员工 12 月份工资总表"，修改该工作表标题为"员工 12 月份工资总表"，如图 5-3-18 所示。

图 5-3-16　选择"移动或复制"选项　　图 5-3-17　选择建立副本　　图 5-3-18　重命名为"员工 12 月份工资总表"

步骤②：在"实发工资"前面增加一列并命名为"绩效工资"。选中"实发工资"一列，右击，在弹出的快捷菜单中选择"插入"选项，如图 5-3-19 所示，修改新插入列的标题为"绩效工资"，如图 5-3-20 所示。

图 5-3-19　插入新列　　　　　　图 5-3-20　修改列标题

步骤③：填入"绩效工资"数据。打开"员工绩效工资表"，选中"应发金额"一列数据，然后按 Ctrl+C 组合键进行数据的复制，然后单击"员工 12 月份工资总表"中的 W3 单元格，右击，在出现的快捷菜单中选择"选择性粘贴"选项，在出现的对话框中单击"数值"单选按钮，即可完成"绩效工资"列的数据录入，如图 5-3-21 所示。

图 5-3-21　"绩效工资"列数据的录入

提示：当需要重复设置具有某种格式公式的数据时，可以使用选择性粘贴的方法。如果采用复制和粘贴的方法，则会复制原数据的内容及全部格式。这里的绩效工资只需要其中的数值，而不是把公式也粘贴过来，如果把公式也粘贴过来，就会出现错误。

步骤④：重新核算实发工资。选中 X3 单元格，在编辑栏中输入"=P3-V3+W3"，然后按 Enter 键，即可修改完成第一个员工的"实发工资"的录入，再利用自动填充操作完成所有员工的"实发工资"的核算，如图 5-3-22 所示。

	=P3-V3+W3										
N	O	P	Q	R	S	T	U	V	W	X
资总表										
住房补贴	工龄工资	应发合计	住房公积金	养老保险	职业年金	医疗保险	失业保险	扣款合计	绩效工资	实发工资
1400	1550	13220	1586.4	1057.6	528.8	264.4	66.10	3503.30	1800.00	11516.70
1400	1250	13470	1616.4	1077.6	538.8	269.4	67.35	3569.55	1560.00	11460.45
1400	1550	13220	1586.4	1057.6	528.8	264.4	66.10	3503.30	2520.00	12236.70
1400	1650	14320	1718.4	1145.6	572.8	286.4	71.60	3794.80	4860.00	15385.20
1400	1450	12170	1460.4	973.6	486.8	243.4	60.85	3225.05	3700.00	12644.95
1400	1300	11470	1376.4	917.6	458.8	229.4	57.35	3039.55	0.00	8430.45

图 5-3-22　重新核算实发工资

【项目总结】

本子项目主要介绍了查找函数 VLOOKUP 的应用、插入当前日期函数 TODAY 的应用、日期计算函数 DATEDIF 的应用、求和函数 SUM 的应用、选择性粘贴的应用、移动和复制工作表等。

5.4　子项目四　员工工资数据分析

【情境描述】

情境：作为一名企业的财务人员，经常需要记录员工的工资信息、计算员工的实发工资，并向单位的领导提供准确、直观的数据信息，供单位领导或者上级部门参考。进入信息社会后，传统的账本已经远远不能满足以上所有需求，其厚重、难以长期保存数据、显示不直观等缺点严重阻碍着单位领导的决策，人们亟须一种崭新的解决方案。

【问题提出】

（1）如何筛选出实发工资低于 6800 元的员工？

（2）如何通过分类汇总统计各职称员工的应发合计、扣款合计和实发工资的平均值？

（3）如何通过数据透视表统计各个部门各个职称级别的员工人数？

（4）如何利用图表展示各部门员工工资浮动？

5.4.1　任务一　筛选出实发工资低于 6800 元的员工信息

【情境和任务】

情境：因为单位会给员工工资较低的人员发放补助，这时需要在"员工工资总表"中筛选出实发工资低于 6800 元的员工信息，这里应用高级筛选完成此项任务。

任务：筛选出实发工资低于 6800 元的员工信息。

【相关资讯】

① 高级筛选可以根据复杂条件进行筛选，而且还可以把筛选的结果复制到指定的地方。

② 在高级筛选的指定条件中，如果遇到要满足多个条件中任何一个，此时需要把所有条件写在同一列中；如果遇到要同时满足多个条件，此时需要把所有条件写在相同的行中。

③ 在高级筛选中，还可以筛选出不重复的数据。

【任务实施】

1．添加"员工工资情况统计表"

单击"员工工资总表"工作表标签，右击，在弹出的快捷菜单中选择"移动或复制"选项。在弹出的对话框中选择"移到最后"选项，选中"建立副本"复选框。将出现的副本"员工工资总表（2）"重命名为"筛选实发工资低于 6800 元的员工信息"，修改新工作表标题名为"员工工资情况统计表"。

2．设置筛选条件，也就是"实发工资<6800"的条件

在 A405 单元格中输入"实发工资"，在 A406 单元格中输入"<6800"，在 A408 单元格中输入"需补助员工"，如图 5-4-1 所示。

图 5-4-1　设置筛选条件

3．利用"高级筛选"功能，筛选出实发工资低于 6800 元的员工信息

步骤①：选中 A2:X402 单元格区域，单击"数据"→"排序和筛选"组→"高级"按钮，如图 5-4-2 所示。

步骤②：在弹出的对话框中单击"将筛选结果复制到其他位置"单选按钮，设置"条件区域"为"$A$405:$A$406"，设置"复制到"为"$A$409:$X$430"，单击"确定"按钮，即可得到需要的筛选结果，如图 5-4-3 所示。

图 5-4-2　选择高级筛选

图 5-4-3　设定高级筛选的各类设置

5.4.2 任务二 分类汇总各职称员工的应发合计、扣款合计和实发工资的平均工资

【情境和任务】

情境：现在上级领导想查看一下本单位各个职称级别的员工的应发合计、扣款合计和实发工资的平均值，了解员工的总体收入情况。这里如果通过手动汇总这些数据是非常复杂和费时的，此时可以通过"分类汇总"功能快速完成此项统计。

任务：分类汇总各职称员工的应发合计、扣款合计和实发工资的平均工资

【相关资讯】

1. 排序及默认排序规则

排序是用户在统计工作表中的数据时经常用到的一个功能，它是指在 Excel 中，根据单元格中的数据类型，按照一定的方式进行重新排列。

① 单关键字排序，就是依据某列的数据规则对数据进行排序。

② 多关键字排序，就是依据多列的数据规则对数据表进行排序。

③ 除了按指定关键字进行排序外，还可以按自定义序列排序，如职称按指定的顺序"正高级-副高级-中级-初级"排序，职称按升序排序或降序排序都达不到这种效果，因此需要按自定义的排序方式进行。

2. 分类汇总

分类汇总是对数据清单中的数据按某一字段分类，在分类的基础上进行汇总。即分类汇总是将同类的数据排列在一起（即将分类字段的值相等的记录放在一起），并对各类字段按指定的汇总方式进行汇总。因此，分类汇总包括分类和汇总两种操作：先按分类字段进行分类（执行排序操作），然后再按照分类字段对指定的字段进行某种方式的汇总（执行分类汇总操作）。

【任务实施】

利用"分类汇总"完成此项任务之前，一定要先按照职称结构"正高级-副高级-中级-初级"的顺序进行排序。由于需要的职称结构顺序并不在默认的排序规则中，所以需要先在 Excel 中创建这个自定义规则后，才能让表格按其排序。

1. 创建"员工工资分类汇总表"

单击"员工工资总表"工作表标签，右击，在弹出的快捷菜单中选择"移动或复制"选项，在弹出的对话框中选择"移到最后"选项，选中"建立副本"复选框。将出现的副本"员工工资总表（2）"重命名为"员工工资分类汇总表"，修改新工作表标题名为"员工工资分类汇总表"。

2. 按照"正高级-副高级-中级-初级"的顺序编辑自定义排序

（1）整理排序原则

步骤①：选中 F2:F402 单元格区域，按 Ctrl+C 组合键复制数据，再单击 F406 单元格，按 Ctrl+V 组合键粘贴数据。

步骤②：单击"数据"→"数据工具"组→"删除重复值"按钮，如图 5-4-4 所示，在弹出的对话框中单击"确定"按钮，如图 5-4-5 所示。在弹出的"发现了 396 个重复值，已将其

删除；保留了 4 个唯一值"对话框中单击"确定"按钮，如图 5-4-6 所示。这里得到的数据正好是需要的顺序，所以不需要进行调整。

图 5-4-4　单击"删除重复值"按钮

图 5-4-5　单击"确定"按钮

图 5-4-6　单击"确定"按钮

提示：如果所得到的数据的顺序需要调整，那么就选中需要调整的单元格，鼠标滑动到此单元格的边框位置，然后按住 Shift 键，拖动鼠标到其目标位置后释放鼠标，快速完成两个单元格的数据互换，其功能相当于剪切再粘贴的效果。

（2）设置自定义序列

步骤①：选中 F407:F410 单元格区域，选择"文件"→"选项"选项，在弹出的对话框中执行"高级"→"编辑自定义列表"命令，如图 5-4-7 所示。

步骤②：在弹出的"自定义序列"对话框中，单击"导入"按钮，即可将 F407:F410 的自定义规则导入"自定义序列"规则当中，如图 5-4-8 所示。

图 5-4-7　执行"编辑自定义列表"命令

图 5-4-8　导入自定义序列

步骤③：完成了自定义序列后，F406:F410 单元格区域中的数据就不需要了，删除相关数据即可。

3. 让表格按照"正高级-副高级-中级-初级"的序列进行排序

步骤①：选中 A2:X402 单元格区域，选择"开始"→"编辑"组→"排序和筛选"下拉按钮→"自定义排序"选项，如图 5-4-9 所示。

步骤②：在弹出的"排序"对话框中，主要关键字选择"职称"，排序依据选择"单元格值"，次序选择"自定义序列"，如图 5-4-10 所示。在弹出的"自定义序列"对话框中选择"正高级，副高级，中级，初级"选项，单击"确定"按钮，即可完成相应排序，如图 5-4-11 和图 5-4-12 所示。

图 5-4-9　选择"自定义排序"选项

图 5-4-10　设置关键字

图 5-4-11　选择自定义序列

图 5-4-12　完成关键字录入

4. 按员工的职称汇总应发合计、扣款合计和实发工资的平均值

步骤①：选中 A2:X402 单元格区域，单击"数据"→"分级显示"组→"分类汇总"按钮，如图 5-4-13 所示。

步骤②：在弹出的"分类汇总"对话框中，选择"分类字段"为"职称"，选择"汇总方式"为"平均值"，选中"选定汇总项"中的"应发合计"、"扣款合计"和"实发工资"3 个复选框，单击"确定"按钮，如图 5-4-14 所示。

图 5-4-13　单击"分类汇总"按钮

图 5-4-14　选择分类字段

步骤③：单击分级显示符号"2"，隐藏分类汇总表中明细数据行，如图 5-4-15 所示。

职务	职称	学历	住房补贴	工龄工资	应发合计	住房公积金	养老保险	扣款合计	实发工资
61	正高级 平均值				13715.68966			3634.6578	10081.032
103	副高级 平均值				11907.80488			3155.5683	8752.2366
240	中级 平均值				10689.48529			2832.7136	7856.7717
406	初级 平均值				9639.69697			2554.5197	7085.1773
407	总计 平均值				10820.125			2867.3331	7952.7919

员工工资分类汇总表

隐藏明细数据行

图 5-4-15　隐藏明细

提示：这里为了使抓到的图像更加清晰，所以隐藏其中一些列，和实际效果图有一些差距，同学们不必效仿，你们按照原图显示即可。

5.4.3　任务三　通过数据透视表统计各部门不同职称的员工人数

【情境和任务】

情境：现在本单位想查看一下各部门的各个职称级别的员工人数，了解各个部门的职称结构是否合理。这里如果通过手动汇总这些数据也是非常复杂和费时的，此时可以通过"数据透视表"功能快速完成此项统计。

任务：通过数据透视表统计各部门不同职称的员工人数。

【相关资讯】

数据透视表是一种交互式工作表，用于对现有工作表进行汇总和分析，可快速合并比较大量的数据，创建数据透视表后，可以按照不同的需要，依据不同的关系来提取和组织数据。

【任务实施】

1.　创建"数据透视表"

打开"员工工资总表"工作表，选中 A2:X402 单元格区域，单击"插入"→"表格"组→"数据透视表"按钮，如图 5-4-16 所示，在弹出的对话框中的"表/区域"文本框中已自动填入选中的单元格区域，单击"新工作表"单选按钮，单击"确定"按钮，如图 5-4-17 所示。

图 5-4-16　单击"数据透视表"按钮

图 5-4-17　设置"数据透视表"参数

2. 设置各区域字段

在打开的"数据透视表字段"任务窗格中，将"部门"字段拖至"行"区域，将"职称"字段拖至"列"区域，将"员工编号"字段拖至"值"区域，如图 5-4-18 所示。

图 5-4-18　设置各区域字段

3. 设置值字段

这里的"值"区域默认为"求和项"，需要修改为"计数"。单击"值"区域的下拉按钮，在列表框中选择"值字段设置"选项，如图 5-4-19 所示。在弹出的"值字段设置"对话框中，选择"计算类型"为"计数"，单击"确定"按钮即可，如图 5-4-20 所示。

图 5-4-19　选择"值字段设置"选项　　　　图 5-4-20　设置值字段汇总方式

4. 修改"数据透视表"的标签名和工作表名

在新工作表中显示了"数据透视表"，更改新建的"数据透视表"中的"行标签"文字为"部门"，更改"列标签"文字为"职称"，更改"计数项"文字为"人数统计"，如图 5-4-21 所示，将"数据透视表"所在的工作表名称重命名为"各职称员工人数数据透视表"。

人数统计	职称				
部门	正高级	副高级	中级	初级	总计
办公室		1	2	7	10
财务处		1	2	7	10
党政领导	4	5			9
动科学院	7	2	13	7	29
后勤服务中心		1	2	26	29
机电工程学院	7	3	17	18	45
基础教育部	9	5	24	16	54
建工学院	10	2	22	14	48
教务处		1	2	7	10
经管学院	8	7	16	10	41
旅文学院	5	3	6	6	20
农科学院	3	5	13	17	38
人事处		1	2	7	10
信工学院	5	2	11	9	27
学工处		1	2	7	10
招就处		1	2	7	10
总计	58	41	136	165	400

图 5-4-21　数据透视表效果图

5.4.4　任务四　利用图表展示各部门不同职称的员工人数

【情境和任务】

情境：前面利用数据透视表统计各职称级别的员工人数，那么能否以图表的形式更直观地展示出来呢？

任务：利用图表展示各部门不同职称的员工人数。

【相关资讯】

在 Excel 2016 中，图表是指将工作表中的数据用图形表示出来。使用图表会使得用 Excel 编制的工作表更易于理解和交流，使数据更加有趣、吸引人、易于阅读和评价，也可以帮助我们分析和比较数据。

Excel 2016 提供了 14 类图表类型，分别是柱形图、折线图、饼图、条形图、面积图、XY 散点图、股价图、曲面图、雷达图、树状图、旭日图、直方图、箱形图、瀑布图。

当基于工作表选定区域建立图表时，Excel 2016 使用来自工作表的值，并将其当作数据点在图表上显示出来。数据点可以用条形、线形、柱形、切片、点及其他形状表示，这些形状称作数据标识。

建立了图表后，可以通过增加图表项，如数据标记、图例、标题、文字、趋势线、误差线及网格线来美化图表及强调某些信息。大多数图表项可以被移动或调整大小，也可以用图案、颜色、对齐方式、字体及其他格式属性来设置这些图表项的格式。当工作表中的数据发生变化时，相应的图表也会随之改变。

【任务实施】

1. 根据数据透视表制作图表

步骤①：打开"各职称员工人数数据透视表"，选中 A3:F21 单元格区域，单击"插入"→"图表"组→"功能扩展"按钮，如图 5-4-22 所示。

图 5-4-22　打开"插入图表"对话框

步骤②：在弹出的"插入图表"对话框的"所有图表"中选择"柱形图"→"簇状柱形图"选项，如图 5-4-23 所示，插入的图表如图 5-4-24 所示。

图 5-4-23　选择簇状柱形图

图 5-4-24　插入的图表

2. 设置图表水平轴的方向

步骤①：选中水平轴，右击，在弹出的快捷菜单中选择"设置坐标轴格式"选项，如图 5-4-25 所示。

步骤②：在弹出的"设置坐标轴格式"对话框中，单击"文本选项"→"文本框"按钮，设置"文字方向"为"竖排"，如图 5-4-26 所示。

图 5-4-25　选择"设置坐标轴格式"选项

图 5-4-26　设置文本选项

3. 设定图表的标题

步骤①：选中图表，选择"设计"→"添加图表元素"下拉列表→"图表标题"→"图表上方"选项，如图 5-4-27 所示。

步骤②：光标出现在"图表标题"的位置，修改图表标题为"各部门不同职称的员工人数表"，如图 5-4-28 所示。

图 5-4-27　选择"图表上方"选项　　　　　　图 5-4-28　修改图表标题

4．筛选查看不同部门不同职称的员工人数

单击图表左下角"部门"下拉按钮，取消"全选"，选择如图 5-4-29 所示的选项。然后单击图表右侧"职称"下拉按钮，选择如图 5-4-30 所示的选项。这时候筛选出了某些部门不同职称的员工人数，如图 5-4-31 所示。

图 5-4-29　选择不同部门　图 5-4-30　选择不同职称　　　图 5-4-31　筛选后的图表效果

【项目总结】

本子项目主要介绍了高级筛选的应用、分类汇总的应用、设置自定义序列、排序、数据透视表的应用、制作图表等。

5.5　子项目五　表格的打印和保护

【情境描述】

情境：前面已经完成了几类表格的制作，现在由于工作需要，要把对应的表格打印出来，那么如何进行打印设置呢？为了避免数据泄露，需要给工作表加密，那么如何加密呢？

【问题提出】

（1）如何打印表格？

（2）如何给工作表加密？

（3）加密后的工作表如何解密？

5.5.1　任务一　表格的打印设置

【情境和任务】

情境：现在以"员工基本信息表"为例，进行表格的打印设置。没有进行打印设置之前，直接打印的话，会看到打印效果一共有 18 页，从第 2 页开始顶端没有标题行，从第 9 页开始，"职称"和"学历"等后面的 5 列都被挤到了下一页。之所以出现这些状况，就是因为在打印之前没有进行打印设置。

任务：表格的打印设置。

【任务实施】

1．设置纸张方向和纸张大小

打印预览"员工基本信息表"，后面有几列数据被挤到下一页，这是由于纸张的宽度不够，这里只要对纸张的方向和大小进行设置就可以了。

打开"员工基本信息表"，单击"页面布局"→"页面设置"组→"功能扩展"下拉按钮，在打开的"页面设置"对话框中选择"页面"选项卡，纸张方向设置为"横向"，纸张大小设置为"A4"，如图 5-5-1 和图 5-5-2 所示。

图 5-5-1　单击"功能扩展"下拉按钮

图 5-5-2　进行页面设置

2．设置打印后每页都有标题行的效果

打印效果一共 13 页，从第二页开始，顶端就没有标题行，翻看起来很麻烦。这时需要进行打印标题的设置。

步骤①：单击"页面布局"→"页面设置"组→"打印标题"按钮，在弹出的"页面设置"对话框中选择"工作表"选项卡，在"顶端标题行"中设置区域为"$1:$2"，即打印标题选择第一行和第二行标题行，如图 5-5-3 和图 5-5-4 所示。

图 5-5-3　单击"打印标题"按钮

图 5-5-4　设置打印标题区域

步骤②：设置完成后，按 Ctrl+P 组合键，打开"打印预览"界面，查看到每一页都有打印标题了。

3. 调整页面边距

打开"页面设置"对话框，在"页边距"选项卡中设置上下页边距为"1.5"，选中"居中方式"栏中的"水平"复选框，如图 5-5-5 所示。

图 5-5-5　设置页边距

4. 调整打印页数

按 Ctrl+P 组合键，打开"打印预览"界面，此时打印效果为 13 页纸张，且第 13 页就只有几行数据。在打印设置时，可以通过"页面设置"的"缩放"功能快速调整打印页数。打开"页面设置"对话框，单击"页面"选项卡中"缩放"栏中的"调整为"单选按钮，然后设置为"1 页宽"和"12 页高"即可，如图 5-5-6 所示。

图 5-5-6　调整打印页宽和页高

5. 设置打印区域

如果希望只打印表格中的某一部分区域，那么就要进行打印区域设置，这样能够有效避免不需要的表格内容被打印出来。选中要打印的表格区域，选择"页面布局"→"页面设置"组→"打印区域"下拉按钮→"设置打印区域"选项，如图 5-5-7 所示。

图 5-5-7　设置打印区域

5.5.2　任务二　保护工作表

【情境和任务】

情境：制作好的表格中，有些表格很重要，需要给一些表格或者数据进行文档加密和保存，这时候就需要对工作表进行保护设置。

任务：保护工作表。

【相关资讯】

Excel 工作表保护的三种模式如下。

① 全部锁定保护：指的是对工作表中所有内容都进行锁定和保护，不允许操作者进行任何修改。

② 部分锁定保护：指的是对工作表中一部分区域进行锁定和保护，而对其他单元格不做保护，操作者可以在其中填写想要的信息。

③ 文件打开保护：操作者要想打开 Excel 文件，就必须输入正确的密码才行。

【任务实施】

文件打开保护设置的操作步骤如下。

步骤①：打开"员工工资总表"工作簿，选择"文件"→"另存为"选项，在弹出的"另存为"对话框中，设置保存路径和文件名，选择"工具"下拉按钮→"常规选项"选项，如图 5-5-8 所示。

图 5-5-8　选择"常规选项"选项

步骤②：在弹出的"常规选项"对话框中输入"打开权限密码"及"修改权限密码"，单击"确定"按钮，如图 5-5-9 所示。在弹出的"确定密码"对话框中再次输入密码，单击"确定"按钮，最后再单击"保存"按钮。

步骤③：此时尝试打开另存后的文件，弹出"密码"对话框，首先输入一个错误密码，单击"确定"按钮后会弹出提示密码不正确的对话框，文件无法打开，如图 5-5-10 和图 5-5-11 所示。

图 5-5-9　设置权限密码

图 5-5-10　输入错误密码

图 5-5-11　密码错误弹出提示框

步骤④：若需要打开此文件，需要输入正确的密码。再次双击打开"员工工资总表"文件，输入正确的打开密码和编辑密码，即可打开文件。如果只需要打开查看，不需要修改内容，可以单击"只读"按钮，只读状态下，操作者只能查看文件，无法编辑内容；如果输入正确的编辑密码，操作者即可对 Excel 文件进行正常的读取和修改操作，如图 5-5-12 和图 5-5-13 所示。

图 5-5-12　选择只读权限

图 5-5-13　输入密码获得写权限

步骤⑤：如果要取消 Excel 文件的保护密码设置，再次另存为一次文件，打开"常规选项"对话框，清除已有密码即可。

【项目总结】

本子项目主要介绍了打印纸张方向和纸张大小的设置、长表格打印标题行的设置、打印预览、调整打印页数、设置打印区域、Excel 文件保护设置等。

【知识拓展】

1. 设置打印缩放

如果进行了页面设置之后，在"打印预览"页面中看到的打印效果还是无法让整张工作表、所有列或者所有行调整到一页，那么可以单击"设置"→"自定义缩放"下拉按钮，在出现的下拉菜单中选择需要的选项即可。

2. 调整打印预览的大小

当打印预览页面显示得很小时，可以通过按 Ctrl+鼠标滚轮组合键，快速调整打印页面预览的大小。

3. Excel 文件全部锁定保护设置

（1）设置保护工作表

单击"审阅"→"保护"组→"保护工作表"按钮，如图 5-5-14 所示，在弹出的"保护工作表"对话框中输入密码，单击"确定"按钮，如图 5-5-15 所示，在弹出的"确认密码"对话框中再次输入密码，单击"确定"按钮，如图 5-5-16 所示。

图 5-5-14　单击"保护工作表"按钮　　　图 5-5-15　取消保护　　　图 5-5-16　输入确认密码
工作表的密码设置

测试效果：在表格中任意单元格输入内容，Excel 会弹出报错提示对话框，提示我们正在修改受保护的工作表，如图 5-5-17 所示，并且在这种保护的状态下，功能区部分按钮变成灰色，即处于不能使用状态，如图 5-5-18 所示。

图 5-5-17　提示正在修改受保护的工作表

图 5-5-18　功能区部分按钮处于不能使用状态

（2）取消保护工作表

单击"审阅"→"保护"组→"撤销工作表保护"按钮，在弹出的"撤销工作表保护"对话框中，输入之前设置的密码即可取消保护工作表，恢复普通填写状态，同时功能区的功能按钮恢复为可使用状态，如图 5-5-19 所示。

（3）保护工作簿

除保护工作表以外，在"保护工作表"按钮的旁边还有一个"保护工作簿"按钮，能够有效避免我们对工作簿的结构进行更改，即对工作表增减、显示或隐藏的保护。

单击"审阅"→"保护"组→"保护工作簿"按钮，在弹出的"保护结构和窗口"对话框中设置一个密码，单击"确定"按钮，如图 5-5-20 所示。

图 5-5-19　取消保护工作表

图 5-5-20　保护工作簿

测试效果：单击"新建工作表"按钮⊕，功能失效，无法新建工作表。此时只有取消工作簿保护后才能恢复"新增工作表"的功能。取消工作簿保护的方法和取消工作表保护的方法一致，在此不再赘述，如图 5-5-21 和图 5-5-22 所示。

图 5-5-21　新建工作表

图 5-5-22　取消保护工作簿

4．Excel 文件部分锁定保护设置

在"员工工资总表"文件中，若只想保护 C 列至 H 列，禁止操作者随意修改，而 I 列以后的内容可以根据需要进行填写，则需要对 Excel 表格进行部分锁定保护设置。

步骤①：关闭所有单元格保护。选中"员工工资总表"的整张工作表，右击或按 Ctrl+1 组合键，在弹出的快捷菜单中选择"设置单元格格式"选项，在弹出的"设置单元格格式"对话框中选择"保护"选项卡，取消选中"锁定"复选框，单击"确定"按钮，如图 5-5-23 和图 5-5-24所示，此时已将所有单元格的保护都取消了。

图 5-5-23　选择"设置单元格格式"选项

图 5-5-24　取消锁定单元格

步骤②：仅锁定 C 列到 H 列。选中 C 列至 H 列，右击或按 Ctrl+1 组合键，在弹出的快捷菜单中选择"设置单元格格式"选项，在"保护"选项卡中选中"锁定"复选框，单击"确定"按钮，即针对 C 列到 H 列开启了保护。

提示：观察示例表格，不难发现，A1:X1 存在合并单元格的情况，因此设置完毕后会出现"无法对合并单元格执行此操作"错误提示，如图 5-5-25 所示。

图 5-5-25　无法对单元格进行合并

步骤③：巧妙解决合并单元格的标题问题。选中 A1:X1 单元格区域，选择"开始"→"对齐方式"组→"合并后居中"下拉按钮→"取消单元格合并"选项，取消已合并的单元格。再选中 A1:X1 单元格区域，右击，在弹出的快捷菜单中选择"设置单元格格式"选项，在弹出的"设置单元格格式"对话框中，选择"对齐"选项卡中的"跨列居中"选项，单击"确定"按钮，即可通过"设置单元格跨列居中"的障眼法，实现标题类似于合并单元格的效果，如图 5-5-26 和图 5-5-27 所示。

图 5-5-26　取消已合并的单元格　　　图 5-5-27　设置单元格"跨列居中"对齐方式

步骤④：局部锁定。再次选中 C 列到 H 列重新设定锁定。

步骤⑤：添加工作表保护。单击"审阅"→"保护"组→"保护工作表"按钮，输入密码后单击"确定"按钮即可。

测试效果：现在 C 列至 H 列已处于锁定、保护的状态，其他部分没有锁定。在 C 列至 H 列的单元格区域中填写或修改内容，Excel 会弹出报错提示。若在其他列填写或修改内容，则可以正常录入和修改，上述两种方法都是在可以打开 Excel 文件的情况下对数据做的保护。

【课后习题】

项目6　制作演示文稿
（Microsoft PowerPoint 2016）

本项目是以制作演示文稿和电子相册为例，介绍 PowerPoint 2016 的使用方法，主要包括制作幻灯片、使用母版设置统一样式、选择版式确定幻灯片基本框架、添加不同对象的动画效果、设置幻灯片切换方式、插入超链接实现幻灯片交互效果、使用电子相册功能制作 CD 视频等方面的相关知识。

【情境描述】

在这个追求体验、视觉化的时代，我们要学会表达和展现自己的思想和成果。PowerPoint 这个设计门槛最低、效率最高的软件无疑能够帮助我们达到这个目的。在大学生活中，PPT 能帮助我们介绍自己和表达自己的观点；在职场中，PPT 是过硬的呈现工具；对于毕业生来说，PPT 更可能是职业生涯中第一次展示自己创意的利器。

【问题提出】

在制作演示文稿时，我们着重解决以下问题。

（1）在设计 PPT 前，事先准备内容有什么好处？应如何准备？

（2）在设计 PPT 页面内容时，应怎样方便快捷地确定页面结构？

（3）设计 PPT 页面内容时，如何能够快速插入图片、图表、表格等内容，以生动形象地表达我们的观点？

（4）我们应该掌握哪些 PowerPoint 2016 的基本操作？

【项目流程】

6.1　子项目一　制作职业生涯规划演示文稿

【情境描述】

作为一名大学生，你是否已经确定了人生的发展方向？大学生要想成就一番事业，必须明确自己的目标，学会抓住学习的重点，为自己创造最有利的条件，才能事半功倍，取得成功。制定了职业生涯规划的人，更像是在茫茫的事业大海里找寻到了灯塔的船，不仅有了方向，更有动力，敢于鞭策自己，不让自己松懈。用什么工具能够快速便捷地呈现你的职业生涯规划呢？现在让我们一起学习制作一份职业生涯规划吧！

【问题提出】

在制作职业生涯规划汇报演示文稿时，我们着重解决以下问题。

（1）在制作职业生涯规划汇报 PPT 时我们应该使用什么软件？

（2）怎样修改幻灯片版式呢？

（3）不同版式的结构有什么不同？

（4）怎样在第一张幻灯片中添加形状？

（5）怎样修改形状的颜色，使幻灯片看起来更加美观？

（6）为了使文字和形状颜色搭配和谐，我们怎样修改对象颜色呢？

（7）怎样添加新幻灯片？

（8）怎样添加矩形框，并给矩形框添加文字呢？

（9）如何使用文本框编辑文字？

（10）怎样修改文本框填充色和边框色？

（11）如何使用 SmartArt 图形表达内容之间的逻辑关系呢？

（12）怎样在幻灯片中添加图片？

（13）如何为文本添加项目符合和编号？

（14）如何制作表格，并修改表格样式？

（15）怎样给幻灯片添加日期和编号？

（16）不同视图情况下，幻灯片的展示效果有什么不同？

（17）如何给幻灯片添加 PowerPoint 内置主题和外部主题？

（18）如何设置幻灯片播放方式？

6.1.1　任务一　制作 10 张幻灯片

【情境和任务】

情境：我们要制作一份精美的职业生涯规划演示文稿，那么，现在我们应该从哪里着手开始呢？我们应该使用什么工具来完成任务呢？

任务：用 PowerPoint 2016 制作 10 张幻灯片。

【相关资讯】

1. PowerPoint 2016 软件介绍

① PowerPoint 2016 是微软公司 Microsoft 推出的演示文稿软件，是 Office 办公软件其中之一，一个 PowerPoint 文件就是一个演示文稿。PowerPoint 演示的内容可以是文字、形状、图表、图片或有声图像，并具有交互功能和演示效果。PowerPoint 文件的扩展名是.pptx。

② PowerPoint 2016 工作界面如图 6-1-1 所示，视图窗口如图 6-1-2 所示。

图 6-1-1　PowerPoint 2016 工作界面

图 6-1-2　视图窗口

2. 视图方式

① 大纲视图：可以在窗格中编辑文本并在其中跳转。在大纲视图模式下，可以快速统一编

辑文本的字体、字号及颜色等，如图 6-1-3 所示。

图 6-1-3　批注窗口

② 幻灯片浏览视图：同时显示全部幻灯片，可简略浏览每一张幻灯片，如图 6-1-4 所示。

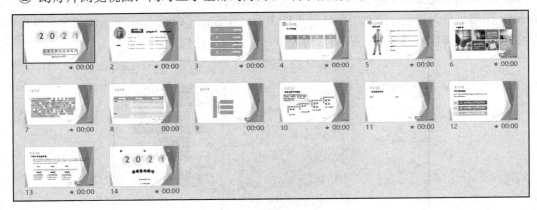

图 6-1-4　幻灯片浏览视图

③ 幻灯片放映视图：当幻灯片基本完成，通过幻灯片放映视图可浏览总体效果，幻灯片中的动画、超链接等交互动作只有在幻灯片放映视图中才可以得到完整呈现。

3．占位符

占位符是指幻灯片上默认带有虚线轮廓的框，在这种框中可添加文字、图片、形状等对象。占位符的大小、样式、颜色、位置等是可调的。占位符中的文本内容可以作为该幻灯片的标题。

4．文本框

在 PowerPoint 2016 中也有跟 Word 中一样的文本框，类似于占位符的作用，但是文本框内的文本内容不能作为幻灯片的标题。

提示：幻灯片中只能在占位符、文本框、形状等对象中输入文本，空白区域是无法直接输入文本内容的，这是与 Word 软件在编辑文本时不同的地方。

5．幻灯片版式

每张幻灯片都有一个整体构架，版式确定了占位符在幻灯片中的排列方式，大部分版式都有占位符，如图 6-1-5 所示。

图 6-1-5 不同的幻灯片版式

6. SmartArt 图形

SmartArt 图形能够很好地表达内容之间的逻辑结构。如图 6-1-6 所示，根据内容逻辑结构，SmartArt 图形可分为列表、流程、循环等不同类型。在 SmartArt 图形中可添加文字，以提高幻灯片可读性。也可以修改 SmartArt 图形的大小、颜色等美化幻灯片。

图 6-1-6 插入 SmartArt 图形

7. 制作幻灯片要点

① 内容是关键，再华丽的外表，若内在内容无新意，那也是无用的。

② 逻辑清晰（先总后分，或者先分后总）。

③ 简洁明了（无论版面，或者文字、图表）。

④ 去繁取简（不必要的动画不要放，好刀要用对，千万别画蛇添足）。

⑤ 独立叙述（每一张都要让人看懂）。

8. 保存文件

① 默认文件保存为"PowerPoint 演示文稿"类型，文件扩展名为.pptx。

② PowerPoint 2016 提供了直接保存为 PDF 格式文件功能，在保存时文件类型选择"PDF"即可。

③ 想要在低版本 PowerPoint 软件运行文件，可以将文件保存为"PowerPoint 97-2003 演示文稿"类型。

④ 文件保存类型有很多种，对于"PowerPoint 放映"文件类型，文件扩展名为.ppsx，无论是在 PowerPoint 2016 中打开，还是在 Windows 资源管理器中打开，系统都会从第一张幻灯片开始放映。在 PowerPoint 2016 中打开的"PowerPoint 放映"类型幻灯片，放映结束后还可以对其进行编辑，而在 Windows 资源管理器中打开的"PowerPoint 放映"类型幻灯片，则不能对其进行编辑。

【任务实施】

1. 给幻灯片添加主题并制作第一张幻灯片

步骤①：启动 PowerPoint 2016 软件。单击"开始"按钮，并选择"PowerPoint"选项，启动 PowerPoint 2016 软件，如图 6-1-7 所示。

步骤②：打开 PowerPoint 2016 软件后进入新建文档窗口，如图 6-1-8 所示。

图 6-1-7　启动 PowerPoint 2016

图 6-1-8　选择空白演示文稿

步骤③：选择"文件"→"新建"选项，选择"空白演示文稿"，单击"空白演示文稿"创建 PPT 文件。此时，已经创建了第一张幻灯片，如图 6-1-9 所示。

图 6-1-9　第一张 PPT

步骤④：给幻灯片添加主题。选择"设计"→"平面"主题，如图 6-1-10 所示。

图 6-1-10　添加主题

步骤⑤：保存文件。选择"文件"→"保存"→"浏览"选项，在弹出的"另存为"对话框左侧位置选择 E 盘（文档盘），输入文件名为"职业生涯规划"，选择保存类型为"PowerPoint 演示文稿（*.pptx）"，单击"保存"按钮，此时 PowerPoint 软件标题栏显示的是文件名称。同时也可以按 Ctrl+S 组合键保存文档。

步骤⑥：修改第一张幻灯片的版式。在左侧浏览窗口中选择第一张幻灯片，选择"开始"→"幻灯片"组→"版式"下拉按钮→"标题幻灯片"版式，如图 6-1-11 所示。

步骤⑦：选中标题和副标题占位符，单击退格键，删除第一张幻灯片中的占位符。

步骤⑧：在第一张幻灯片中插入圆形。选择"插入"→"插图"组→"形状"下拉按钮→"圆形"形状，当鼠标指针变为黑色"+"形状时，在第一张幻灯片中按住鼠标左键拖动画一个圆，如图 6-1-12 所示。

图 6-1-11　选择版式

图 6-1-12　插入形状

提示：按住 Shift 键拖动鼠标可画出正圆。

步骤⑨：选中圆形，在"格式"→"大小"组中设置圆形的高度和宽度为"5 厘米"，如图 6-1-13 所示。

步骤⑩：设置圆形填充色为渐变色。选中圆形，选择"格式"→"形状样式"组→"形状填充"下拉按钮→"渐变"→"其他渐变色"选项，如图 6-1-14 所示。

图 6-1-13　设置形状大小

图 6-1-14　添加形状颜色

步骤⑪：在"设置形状格式"对话框中单击"填充—渐变填充"，类型为"线性"，方向为"线性对角—右下到左上"，如图 6-1-15 所示。

步骤⑫：单击渐变光圈中的"停止点 1"滑块，设置颜色为"白色，背景 1"，角度为"120°"位置为"0%"，透明度为"0%"，亮度为"0%"，如图 6-1-16 和图 6-1-17 所示。可根据实际需要选择颜色。

图 6-1-15　设置形状格式　　　　图 6-1-16　设置填充色 1　　　　图 6-1-17　设置填充色 2

步骤⑬：同样的方法，单击渐变光圈中的"停止点 2"滑块，设置颜色为"白色，背景 1，深色 15%"，角度为"220°"，位置为"100%"，亮度为"-15%"，如图 6-1-18 和图 6-1-19所示。

步骤⑭：选中圆形，打开"设置形状格式"对话框，在"线条"折叠列表中单击"实线"单选按钮，颜色选择"白色，背景 1"；宽度为"5 磅"，如图 6-1-20 和图 6-1-21 所示。

图 6-1-18　设置填充色 3　　图 6-1-19　设置填充色 4　　图 6-1-20　设置边框色 1　　图 6-1-21　设置边框色 2

步骤⑮：给圆形添加发光效果。选中圆形，选择"格式"→"形状样式"组→"形状效果"下拉按钮→"发光"→"发光；18 磅；灰色，主题色 3"效果，如图 6-1-22 所示。

步骤⑯：复制 3 个圆形并对齐。选中圆形，按住 Ctrl 键拖动鼠标，复制一个圆，用同样的方法再复制两个圆。选中 4 个圆形，选择"格式"→"排列"组→"对齐"下拉按钮→"顶端对齐"选项，此时，可看到 4 个圆顶端对齐了；再选择"横向分布"选项，如图 6-1-23 所示。此时 4 个圆之间间隔相等；将 4 个圆放到合适位置，如图 6-1-24 所示。

图 6-1-22　设置形状发光效果　　图 6-1-23　对齐工具　　　图 6-1-24　4 个圆形效果

步骤⑰：右击第一个圆形，在弹出的快捷菜单中选择"编辑文本"选项，在第一个圆中输入文本"2"，设置字体为"华文琥珀，96 磅"，使用相同方法给其他圆添加文本，分别写入 0、2、1。

步骤⑱：使用"格式刷"工具将第一个圆中的文本格式复制到其他 3 个圆的文本中。选中第一个圆的文本，单击"开始"→"剪贴板"组→"格式刷"按钮，拖动鼠标（此时鼠标指针形状变为刷子形状）在第二、三、四个圆文本上刷一下，第二、三、四个圆内的文本也设置为"华文琥珀，96 磅"，如图 6-1-25 示。

图 6-1-25　在形状中添加内容

提示：如果需要连续多次使用格式刷，可以双击格式刷按钮，使用完成后关闭格式刷即可。

步骤⑲：在圆形下方插入圆角矩形。选择"插入"→"插图"组→"形状"→"圆角矩形"形状，拖动鼠标绘制圆角矩形。

步骤⑳：圆角矩形的填充色与圆形填充色相同，也为灰白渐变填充色。选中圆角矩形，选择"格式"→"形状样式"组→"形状填充"下拉按钮→"渐变"→"其他渐变"选项，在弹出的"设置形状格式"对话框中设置"预设渐变"为"顶部聚光灯-个性色6"，圆角矩形效果如图 6-1-26 所示。

步骤㉑：设置圆角矩形无边框。选中圆角矩形，选择"格式"→"形状样式"组→"形状轮廓"下拉按钮→"无轮廓"选项，如图 6-1-27 所示。

图 6-1-26　圆角矩形效果

图 6-1-27　设置无边框效果

步骤㉒：在圆角矩形中添加文字。选中圆角矩形，右击，在弹出的快捷菜单中选择"编辑文本"选项，输入"大学生职业生涯规划"。

步骤㉓：选中"大学生职业生涯规划"，设置字号为48磅，选择"格式"→"文本填充"下拉按钮→"渐变"→"其他渐变"选项，在弹出的"设置形状格式"对话框中设置渐变色为"底部聚光灯-个性色3"，如图 6-1-28 和图 6-1-29 所示。

图 6-1-28　设置文本渐变色

图 6-1-29　设置文本底部聚光灯效果

步骤㉔：插入文本框，在文本框中输入"经济管理学院"，设置为"华文新魏，24 磅"，页面效果如图 6-1-30 所示。

图 6-1-30 标题幻灯片效果

2. 制作第二张幻灯片

步骤①：选择"开始"→"幻灯片"组→"新建幻灯片"下拉按钮→"空白"版式，新建一张幻灯片，如图 6-1-31 所示。

步骤②：复制第一张幻灯片中的圆形到第二张幻灯片。选中第二张幻灯片中的圆形，在"格式"功能选项卡中修改圆形大小：形状高度为 6.5 厘米，形状宽度为 6.5 厘米。删除圆中的文字，效果如图 6-1-32 所示。

图 6-1-31 新建空白版式幻灯片

图 6-1-32 复制圆形

步骤③：单击"插入"→"插图"组→"图片"按钮，在第二张幻灯片中插入"个人照片.png"图片，移动照片到圆形上方，如图 6-1-33 所示。选中照片，选择"格式"→"大小"组→"裁剪"下拉按钮→"裁剪为形状"选项，然后选择椭圆并单击"裁剪"按钮，此时，照片上出现圆形的裁剪控制点，如图 6-1-34 所示。拖动照片周围的裁剪控制点，将照片裁剪至合适大小，单击"裁剪"按钮关闭裁剪功能，最终效果如图 6-1-35 所示。

提示：如果照片被圆形盖住，可选择照片并右击，在弹出的列表中选择"置于顶层"选项。

图 6-1-33　插入图片　　　　　图 6-1-34　裁剪图片　　　　　图 6-1-35　图片效果

步骤④：插入圆角矩形，设置"形状轮廓"为白色；形状填充为"深蓝"。设置圆角矩形大小：形状高度为 2 厘米，形状宽度为 6 厘米。在圆角矩形中输入文本"个人信息"，设置为"28 磅，华文新魏，白色，加粗"，将圆角矩形放置到适当位置，效果如图 6-1-36 所示。

步骤⑤：绘制文本框，输入素材中文本"规划精彩人生　打造锦绣前程"，设置为"华文新魏，32 磅"。适当调整文本框大小，使其文字在一行显示。

步骤⑥：插入两个并排文本框，写入素材中文本"姓名……@163.com"，设置为"华文新魏，24 磅"，效果如图 6-1-37 所示。

图 6-1-36　"个人信息"效果　　　　　图 6-1-37　使用文本框输入文字

步骤⑦：设置文本框中的文本行距。选中文本内容，单击"开始"→"段落"组→"功能扩展"按钮，打开"段落"对话框，设置行距为"1.5 倍行距"，单击"确定"按钮，如图 6-1-38 所示。第二张幻灯片效果如图 6-1-39 所示。

图 6-1-38　设置 1.5 倍行距　　　　　图 6-1-39　第二张幻灯片效果

3. 制作第三张幻灯片

步骤①：插入一张"空白"版式幻灯片。

步骤②：在第三张幻灯片中插入一个圆角矩形，设置形状高度为 2.5 厘米，形状宽度为 17 厘米，如图 6-1-40 所示。

图 6-1-40　设置形状大小

步骤③：如图 6-1-41 所示，选中圆角矩形，选择"格式"→"形状样式"下拉列表→"细微效果-金色，强调颜色 3"样式，如图 6-1-42 所示。

图 6-1-41　设置形状样式

图 6-1-42　细微效果-金色，强调颜色 3

步骤④：复制 3 个圆角矩形，从上到下依次排列，如图 6-1-43 所示。

步骤⑤：选中 4 个圆角矩形，选择"格式"→"排列"组→"对齐"下拉按钮→"左对齐"选项，使 4 个圆角矩形左对齐；再选择"对齐"下拉列表中的"纵向分布"选项，使 4 个圆角矩形等距排列，如图 6-1-44 所示。

图 6-1-43　复制形状

图 6-1-44　使用对齐工具对齐多个形状

步骤⑥：在 4 个圆角矩形中分别输入 4 组文字"认识自我（分析自身原因）"、"专业分析（外在环境因素）"、"职业定位（内外因素的定位）"和"执行计划（如何执行计划）"，设置"认识自我"、"专业分析"、"职业定位"和"执行计划"为"36 磅，白色，华文新魏"。

设置"（分析自身原因）"、"（外在环境因素）"、"（内外因素的定位）"和"（如何执行计划）"为"24 磅，白色，华文新魏"，效果如图 6-1-45 所示。

图 6-1-45 添加文本内容

步骤⑦：选中 4 个圆角矩形，单击"开始"→"段落"组→"左对齐"按钮，使 4 个圆角矩形中的文本左对齐；单击"开始"→"段落"组→"编号"下拉按钮，选择 1.2.3.样式，给 4 组文本添加编号，如图 6-1-46 所示，效果如图 6-1-47 所示。

图 6-1-46 添加编号   图 6-1-47 添加编号后效果

步骤⑧：此时我们发现，4 个圆角矩形中的文本编号全是 1，这显然不符合要求，怎样使 4 组文本编号依次为 1、2、3、4 呢？如图 6-1-48 所示，选中第二个矩形框，选择"编号"下拉列表中"项目符号和编号"选项，打开"项目符号和编号"对话框，设置"起始编号"为2，单击"确定"按钮，如图 6-1-49 所示。此时我们看到第二个矩形中文本编号变为 2。使用相同的方法设置其他两个矩形框中的编号为 3 和 4，效果如图 6-1-50 所示。

图 6-1-48 修改编号   图 6-1-49 设置编号起始值   图 6-1-50 第三张幻灯片效果

4. 制作第四张幻灯片

步骤①：新建一张幻灯片，版式为"标题和内容"。此时页面上出现两个占位符，在标题占位符中输入标题"认识自我"；再插入一个文本框输入"个人价值观"，设置为"24 磅，方正姚体"，效果如图 6-1-51 所示。

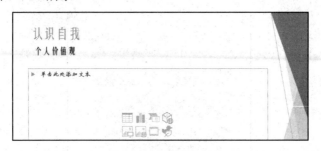

图 6-1-51　制作标题

步骤②：为幻灯片添加 SmartArt 图形。如图 6-1-52 所示，单击内容占位符中的"插入 SmartArt 图形"按钮，在弹出的"选择 SmartArt 图形"对话框中选择"水平项目符号列表"选项，单击"确定"按钮，插入 SmartArt 图形，如图 6-1-53 所示。

图 6-1-52　"插入 SmartArt 图形"按钮　　　　图 6-1-53　选择 SmartArt 图形窗口

步骤③：选中 SmartArt 图形，选择"SmartArt 工具/设计"→"添加形状"下拉按钮→"在后面添加形状"选项，如图 6-1-54 所示。此时 SmartArt 图形变为 4 个形状，如图 6-1-55 所示。

图 6-1-54　调整 SmartArt 图形结构

图 6-1-55　SmartArt 图形调整后效果

步骤④：在 4 个形状中分别输入素材中文本内容："个人与自身关系"，"虽然……的人生态度。"；"个人与他人关系"，"在与他人……以诚待人。"；"个人与组织关系"，"个人之于组织……的聪明与才智。"；"个人与社会关系"，"社会……贡献了什么。"。选中SmartArt 图形，选择"SmartArt 工具/设计"→"更改颜色"下拉按钮→"彩色-个性色"选项，如图 6-1-56 所示，效果如图 6-1-57 所示。

图 6-1-56 SmartArt 图形添加颜色　　　　　图 6-1-57 第四张幻灯片效果

5. 制作第五张幻灯片

步骤①：新建一张幻灯片，版式为"标题和内容"。

步骤②：在标题占位符中输入"认识自我"。

步骤③：插入文本框并输入"性格分析"，操作方法与第三张幻灯片相同，设置为"24 磅，方正姚体"，效果如图 6-1-58 所示。

步骤④：在内容占位符中输入素材中文本："沉着冷静……不感情用事。"；"热爱思考……学则殆。"；"优柔寡断……很多东西。"；"感情用事……考虑后果。"。

步骤⑤：设置"沉着冷静"、"热爱思考"、"优柔寡断"和"感情用事"文本加粗效果。选中占位符，此时周围会出现 8 个控制点，将鼠标移至控制点上，当鼠标指针变为双向箭头时，缩小占位符，使其占据一半空间，如图 6-1-59 所示。

图 6-1-58 第五张幻灯片标题　　　　　图 6-1-59 调整占位符大小

步骤⑥：在占位符的左侧插入一张个人照片。单击"插入"→"图像"组→"图片"按钮，在弹出的"插入图片"对话框中打开图片所在位置，选中"个人照片.jpg"图片，单击"插入"按钮，此时幻灯片中插入一张图片。调整图片位置和大小，放在幻灯片左侧适当位置，效果如图 6-1-60 所示。

图 6-1-60　第五张幻灯片效果

6. 制作第六张幻灯片

步骤①：新建一张幻灯片，版式为"标题和内容"。

步骤②：在幻灯片标题中输入"认识自我"；插入文本框并输入"兴趣爱好"，设置为"24磅，方正姚体"。

步骤③：在内容占位符中插入"摄影.png"图片并选中，选择"格式"→"大小"组→"功能扩展"按钮，如图 6-1-61 所示。打开"设置图片格式"对话框，取消选中"锁定纵横比"复选框，调整图片高度为 4.8 厘米，宽度为 6.4 厘米，如图 6-1-62 所示。

图 6-1-61　"扩展功能"按钮　　　　　　图 6-1-62　"设置图片格式"对话框

步骤④：在图片下方插入形状，在"格式"功能选项卡中修改形状大小，高度为 4.8 厘米，宽度为 6.4 厘米，如图 6-1-63 所示。在"形状样式"组中单击"形状填充"下拉按钮，选择填充颜色为"蓝色"，然后设置"形状轮廓"为"无轮廓"，效果如图 6-1-64 所示。

图 6-1-63　设置文本框大小

图 6-1-64　形状效果

步骤⑤：复制两个相同形状，分别设置它们的填充色为黄色和粉色，如图 6-1-65 所示，摆放至合适位置。

步骤⑥：使用相同方法插入图片"习作.png"和"计算机.png"，调整它们的大小为高度 4.8 厘米、宽度 6.4 厘米，并摆放至合适位置，如图 6-1-66 所示。

图 6-1-65　3 个形状效果

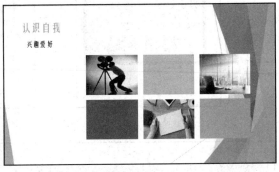

图 6-1-66　图片和形状排列效果

步骤⑦：选中"摄影.png"图片、"计算机.png"图片和黄色形状，选择"格式"→"排列"组→"对齐"下拉按钮→"顶端对齐"选项，使图片和形状对齐；再选择"横向分布"选项使 3 个对象分布匀称。

提示：此处图片工具形状格式功能选项卡的对齐功能和绘图工具形状格式功能选项卡的对齐功能起到相同作用。使用相同方法使下面一张图片和两个形状对齐。

步骤⑧：在左侧插入"投篮.png"图片，调整图片大小并放置适当位置，效果如图 6-1-67 所示。

图 6-1-67　第六张幻灯片效果

7. 制作第七张幻灯片

步骤①：插入一张新幻灯片，版式为"标题和内容"。

步骤②：在标题占位符中输入标题"专业分析"；插入文本框，在文本框中输入"专业所学课程"，适当调整文本框大小，使文本在一行内显示。

步骤③：在内容占位符中添加表格。单击内容占位符中的"插入表格"按钮，在弹出的"插入表格"对话框中设置列数为 3、行数为 7，单击"确定"按钮，如图 6-1-68 所示，此时在幻灯片中插入一个表格，效果如图 6-1-69 所示。

步骤④：选中表格第一列第二行到第五行单元格（选中的单元格颜色为灰色），右击，在弹出的下拉列表中选择"合并单元格"选项，将这 4 个单元格合并为一个单元格，如图 6-1-70 所示。

步骤⑤：使用同样的方法将第一列的第六行和第七行单元格合并，效果如图 6-1-71 所示。

图 6-1-68　"插入表格"对话框

图 6-1-69　表格效果

图 6-1-70　合并单元格

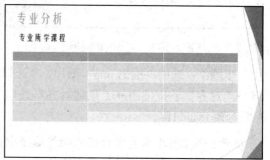

图 6-1-71　表格合并单元格后效果

步骤⑥：如图 6-1-72 所示，在表格中输入文字内容。第一行（标题行）设置为"24 磅，华文新魏，白色"，除标题行以外第一列和第二列文本设置为"24 磅，华文新魏，黑色"，第三列文本设置为"宋体，18 磅，黑色"。

步骤⑦：设置表格列宽。选中第一列，选择"布局"→"单元格大小"组，设置第一列宽度为 4 厘米，如图 6-1-73 所示。使用相同的方法设置第二列列宽为 5 厘米；第三列列宽为 16 厘米。

图 6-1-72　表格中输入文本内容

图 6-1-73　设置表格列宽

步骤⑧：设置第一行文本居中。选中第一行文本，单击"开始"→"居中"按钮，此时第一行文本居中显示；使用相同的方法设置第二行到第七行的第一列和第二列文本居中，效果如图 6-1-74 所示。

图 6-1-74　第七张幻灯片效果

8. 制作第八张幻灯片

步骤①：插入一张幻灯片，版式为"标题和内容"。

步骤②：在标题占位符中输入"专业分析"。

步骤③：在内容占位符中插入 SmartArt 图形。单击内容占位符中的"插入 SmartArt 图形"按钮，在弹出的"选择 SmartArt 图形"对话框中，单击"层次结构"→"水平多层层次结构"SmartArt 图形，单击"确定"按钮，如图 6-1-75 所示，效果如图 6-1-76 所示。

图 6-1-75　"选择 SmartArt 图形"对话框

图 6-1-76　SmartArt 图形

步骤④：选中右侧第一个矩形框，如图 6-1-77 所示。选择"SmartArt 工具/设计"→"添加形状"下拉按钮→"在后面添加形状"选项，如图 6-1-78 所示，此时在选中的矩形框下方填加一个矩形。利用上述方法再添加一个矩形框，效果如图 6-1-79 所示。

步骤⑤：在左侧矩形框中输入"毕业要求"；在右侧 5 个矩形框中分别输入"学分"、"技能达标"、"第二课堂成绩单"、"体质健康测试"和"综合素质测评"，效果如图 6-1-80 所示。

图 6-1-77　选择 SmartArt 图形中的右侧
第一个矩形框

图 6-1-78　添加形状

图 6-1-79　添加两个矩形框

图 6-1-80　左侧两列 SmartArt 图形效果

步骤⑥：选中"学分"矩形框，选择"SmartArt 工具/设计"→"添加形状"下拉按钮→"在下方添加形状"选项，此时选中的矩形框右侧增加了一个矩形；选中新添加的矩形框，再重复刚才的操作，在两个新添加的矩形框中分别输入"总学分 220"和"专业课 160"，效果如图 6-1-81 所示。

步骤⑦：选中"专业课 160"矩形框，在"添加形状"列表中选择"在后面添加形状"选项，在新添加的形状中输入"公共课 60"。

步骤⑧：选中"技能达标"矩形框，在"添加形状"列表中选择"在后面添加形状"选项；再次选中"技能达标"矩形框，在"添加形状"列表中选择"在下方添加形状"选项，给"技能达标"添加下一级结构。

步骤⑨：使用相同的方法添加其他矩形框，适当调整图形的大小和位置，在 SmartArt 图形中添加文本内容，最终效果如图 6-1-82 所示。

图 6-1-81　添加"总学分"和"专业课"形状

图 6-1-82　SmartArt 图形效果

步骤⑩：选中"毕业要求"矩形框，选择"开始"→"文字方向"下拉按钮→"所有文字旋转 90°"选项，如图 6-1-83 所示，此时"毕业要求"四个字呈竖向排列。

图 6-1-83　文本旋转角度

步骤⑪：选中整个 SmartArt 图形，选择"SmartArt 工具/设计"→"更改颜色"下拉按钮→"彩色范围-个性色 3 至 4"选项，美化 SmartArt 图形，如图 6-1-84 所示，效果如图 6-1-85 所示。

图 6-1-84　更改颜色

图 6-1-85　第八张幻灯片效果

9. 制作第九张幻灯片

步骤①：新建一张幻灯片，版式为"比较"。

步骤②：在标题占位符中输入文本"职业定位"；在标题占位符下方的左侧占位符中输入文本"优势"；在标题占位符下方的右侧占位符中输入文本"劣势"。

步骤③：在内容占位符中输入素材中文本："会计待遇高……而是稳重。"。

步骤④：选中文本"会计待遇高"，选择"开始"→"编号"下拉按钮→"带圆圈编号"选项，给文本添加编号，如图 6-1-86 所示。

步骤⑤：使用同样的方法给"行业稳定"和"会计就业面广泛"添加编号；此时，3 个编号都为①，下面进行修改：选中文本"行业稳定"，选择"开始"→"段落"组→"编号"下拉按钮→"项目符号和编号"选项，打开"项目符号和编号"对话框，如图 6-1-87 所示，设置"起始编号"为 2，单击"确定"按钮，此时"行业稳定"的编号就是②。使用相同的方法将"会计就业面广泛"的编号改为③。

图 6-1-86　添加编号

图 6-1-87　设置编号起始值

步骤⑥：使用相同的方法给右侧占位符中的文本"事务繁杂"添加编号①；给"工作千篇一律"添加编号②。

步骤⑦：分别给"北京地区……"、"公司最不容易……"、"会计掌握的是……"、"由于财务部属后勤……"和"只要不是在一家……"段落添加如图 6-1-88 所示三角形项目符号。

步骤⑧：适当调整占位符的位置和大小，使文本在一页中完整显示。

步骤⑨：将文本"会计待遇高"、"行业稳定"、"会计就业面广泛"、"事务繁杂"和"工作千篇一律"设置为"红色，加粗"。选中文本"会计待遇高"，设置为"加粗，红色"；继续选中文本"会计待遇高"，双击"开始"功能选项卡中的"格式刷"按钮 ✔格式刷，鼠标变为刷子形状，在"行业稳定"、"会计就业面广泛"、"事务繁杂"和"工作千篇一律"文本上面分别刷一下，将格式复制到目标文本上，最终效果如图 6-1-88 所示。

图 6-1-88 第九张幻灯片效果

10. 制作最后一张幻灯片

步骤①：新建一张幻灯片，版式为"仅标题"，在标题占位符中输入"执行计划"。

步骤②：插入文本框，输入"大学三年计划安排"，设置为"方正姚体，24 磅"。

步骤③：如图 6-1-89 所示，在文本框下方插入燕尾箭头形状。设置"形状高度"为 1.5 厘米，"形状宽度"为 25 厘米。

步骤④：选中箭头，选择"格式"→"形状样式"组→"形状填充"下拉按钮→"白色，背景 1，深色 35%"选项，修改箭头的颜色，如图 6-1-90 所示；选中箭头，选择"格式"→"形状样式"组→"形状轮廓"下拉按钮→"无轮廓"选项，如图 6-1-91 所示。

图 6-1-89 插入"箭头：燕尾型"形状

图 6-1-90 修改形状颜色

图 6-1-91 取消形状轮廓

步骤⑤：插入圆形，形状高度为 1 厘米，形状宽度为 1 厘米。

步骤⑥：圆形形状轮廓为白色，形状填充色为"深蓝"色；复制 2 个圆形，其中一个圆形形状填充色为"紫色"，另一个圆形为"橙色"，依次排开，如图 6-1-92 所示。

图 6-1-92　插入 3 个圆形

步骤⑦：选中箭头和 3 个圆，选择"格式"→"排列"组→"对齐"下拉按钮→"垂直居中"选项，此时箭头和 3 个圆形整齐排列在一条直线上。

提示：此处可以从左上角按住鼠标左键并拖动至右下角，框选 4 个图形，如图 6-1-93 所示。

图 6-1-93　使用对齐工具对齐对象

步骤⑧：分别在 3 个圆形下方插入一个文本框，分别在 3 个文本框中输入"让自己开始进入状态"、"为未来着想"和"最后的日子里绽放光彩"，设置为"华文新魏，24 磅"。

步骤⑨：在幻灯片下方的备注栏中输入素材中文字材料"大一……对自己的职业有明确的目标，对自己的职业生涯规划进行确认"内容；并添加编号，效果如图 6-1-94 所示。

图 6-1-94　添加幻灯片备注

6.1.2　任务二　给幻灯片添加日期、编号和页脚

【情境和任务】

情境：假如现在需要在幻灯片中显示日期和幻灯片编号等信息，该怎样设置呢？

任务：给幻灯片添加日期、编号和页脚。

【相关资讯】

1．设置标题幻灯片页眉和页脚

在"页眉和页脚"对话框中选中"标题幻灯片中不显示"复选框时第一张幻灯片中不显示时间、编号和页脚，如若要在标题幻灯片中显示时间、编号和页脚内容，可以取消选中"标题幻灯片中不显示"复选框。

📢 **提示**：此处标题幻灯片指的是版式为"标题幻灯片"的幻灯片，而不是第一张幻灯片。

2．设置幻灯片的日期和时间

当需要在幻灯片中显示固定日期时，可以选中"日期和时间"复选框，然后单击"固定"单选按钮，输入日期，当需要在幻灯片中显示实时日期时，可以单击"自动更新"单选按钮，如图 6-1-95 所示。

图 6-1-95　"页眉和页脚"对话框

3．设置页眉和页脚显示效果

修改页眉和页脚显示位置和文本大小等效果时，选择"视图"→"幻灯片母版"视图，在幻灯片母版视图中选中页眉和页脚占位符，修改占位符的位置和字体效果，完成修改后退出幻灯片母版视图，如图 6-1-96 所示。

图 6-1-96　统一修改页眉和页脚

【任务实施】

设置页眉和页脚步骤如下。

如图 6-1-97 所示，单击"插入"→"文本"组→"页眉和页脚"按钮，在弹出的"页眉和页脚"对话框中选择"幻灯片"选项卡，在"幻灯片包含内容"栏中选中"日期和时间"复选框，并单击"自动更新"单选按钮，日期显示格式为"2021/7/24"，选中"幻灯片编号"、"页脚"和"标题幻灯片中不显示"复选框，在"页脚"内容框中输入"经济管理学院"，单击"全部应用"按钮，此时在每张幻灯片中都会显示当前日期、幻灯片编号和页脚内容，方便演讲者使用。

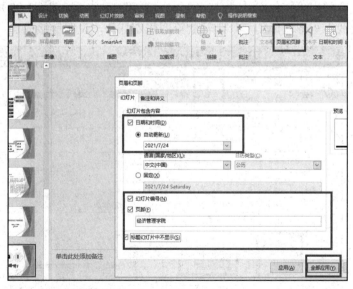

图 6-1-97　"页眉和页脚"对话框

6.1.3　任务三　给幻灯片添加超链接

【情境和任务】

情境：第三张幻灯片是一个目录幻灯片，每张幻灯片都是按照顺序依次排列的，我们发现在做职业生涯规划介绍时，"认识自我"、"专业分析"、"职业定位"和"执行计划"是并列关系，出于介绍需要，可能需要改变介绍顺序，这里可以通过添加超链接、动作按钮等操作来实现。

任务：给幻灯片添加超链接。

【相关资讯】

1. 超链接

默认情况下，幻灯片放映是按照从第一张幻灯片到最后一张幻灯片的顺序播放，但是添加了超链接以后，可以根据作者的需要跳转幻灯片播放顺序，提高幻灯片交互性。给一个对象（如文字、图片、图形等）添加了超链接后，在幻灯片放映视图中，单击此对象可以跳转到指定幻灯片。

2. 动作按钮

动作按钮是以图形化的按钮进行超链接，常见的动作按钮有返回、上一张、下一张、后退、前进等，动作按钮可根据需要超链接到相应的幻灯片。

【任务实施】

1. 添加超链接

步骤①：选中第三张幻灯片"认识自我"矩形框，单击"插入"→"链接"组→"链接"按钮，在弹出的"插入超链接"对话框中选择"本文档中的位置"→"请选择文档中的位置"列表→"4.认识自我"选项，单击"确定"按钮，如图 6-1-98 所示。此时鼠标移动到"认识自我"矩形框中，会弹出"按住 Ctrl 并单击可访问链接"字样，如图 6-1-99 所示。此时按住 Ctrl键单击"认识自我"矩形框，幻灯片跳转到第四张幻灯片，说明链接成功。

图 6-1-98　"插入超链接"对话框

图 6-1-99　超链接弹框

步骤②：使用相同的方法，为第三张幻灯片中的"专业分析"、"职业定位"和"执行计划"分别链接到第七、九、十张幻灯片。

2. 添加动作按钮

一个主题演示完成后，为了使幻灯片能够返回到第三张幻灯片，便于进入下一个主题，需要添加返回第三张目录幻灯片的动作按钮。

步骤①：选中第六张幻灯片，单击"插入"→"形状"下拉按钮→"动作按钮"→"后退或前一项"按钮，如图 6-1-100 所示，然后在幻灯片底部画出这个按钮，弹出"操作设置"对话框，单击"超链接到"单选按钮，在其下拉列表中选择"幻灯片"选项，如图 6-1-101 所示，在弹出的"超链接到幻灯片"对话框中单击"3. 幻灯片 3"按钮，单击"确定"按钮，如图 6-1-102 所示，在"操作设置"对话框中也单击"确定"按钮。此时在幻灯片底部插入了一个返回第三张幻灯片的动作按钮。按住 Ctrl 键并单击此按钮，幻灯片切换到了第三张。

图 6-1-100　插入动作按钮　　图 6-1-101　"操作设置"对话框　　图 6-1-102　"超链接到幻灯片"对话框

步骤②：右击第六张幻灯片的动作按钮，在弹出的快捷菜单中选择"编辑文字"选项，然后在动作按钮上输入文字"返回"；适当调整文字大小，如图 6-1-103 所示。使用相同的方法，在第八、九张幻灯片上绘制相同作用的按钮，如图 6-1-104 和图 6-1-105 所示。

图 6-1-103　返回按钮　　　　　　图 6-1-104　"专业分析"幻灯片返回按钮

图 6-1-105　"职业定位"幻灯片返回按钮

6.1.4　任务四　设置放映方式和打印演示文稿

【情境和任务】

情境：现在幻灯片的制作已经完成，那么怎样展示给观众看呢？如果在展示过程中有一些特殊要求怎样实现呢？有时我们还需要打印幻灯片，怎样操作呢？

任务：设置放映方式和打印演示文稿。

【相关资讯】

1. 控制放映方式

如果幻灯片没有设置为"在展台浏览"放映方式，则在幻灯片放映过程中用户可以控制其放映过程。常用的控制方式有切换幻灯片、查看所有幻灯片、显示演示者视图、结束放映。

2. 设置幻灯片放映

步骤①：单击"幻灯片放映"→"设置幻灯片放映"按钮，在弹出的"设置放映方式"对话框中设置放映全部幻灯片或放映部分幻灯片；可以设置放映时不加动画、循环播放等效果，如图 6-1-106 所示。

步骤②：如果某张幻灯片不想删除，但是放映的时候又不想显示，可以将其设置为隐藏状态，如图 6-1-107 所示。

步骤③：单击窗口右下角幻灯片放映视图按钮 ，从当前幻灯片开始播放。

步骤④：在"幻灯片放映"功能选项卡中单击"从头开始"或"从当前幻灯片开始"按钮，如图 6-1-108 所示。

图 6-1-106　"设置放映方式"对话框

图 6-1-107　设置隐藏幻灯片

图 6-1-108　幻灯片放映

步骤⑤：在放映时，右击"查看所有幻灯片"，此时显示所有幻灯片；单击需要演示的幻灯片，则此幻灯片为当前放映幻灯片。

3. 在幻灯片放映过程中切换到下一张幻灯片的方法

① 在空白处单击（当前幻灯片动画播放完成后，进入下一张幻灯片）。

② 右击，在弹出的列表中选择"下一张"选项。

③ 按 PageDown 键、向右箭头、向下箭头或 Enter 键。

④ 向下滚动鼠标滚轮。

4. 在幻灯片放映过程中切换到上一张幻灯片的方法

① 右击，在弹出的列表中选择"上一张"选项。

② 按 PageUp 键、向左箭头、向上箭头或 Backspace 键。

③ 向上滚动鼠标滚轮。

5. 显示演示者视图

在放映时，右击"显示演示者视图"，此时显示备注页内容，如图 6-1-109 所示。

图 6-1-109　演示者视图

6. 结束放映

在放映时，右击"结束放映"；或者按 Esc 键结束放映。

7. 打印幻灯片

打印内容可选择整页幻灯片、备注页、大纲、讲义等，为了节约纸张，可以将打印内容设置为讲义，并设置每页打印的幻灯片数和顺序，如图 6-1-110 所示。

图 6-1-110　设置打印版式

【任务实施】

1. 设置幻灯片放映方式

步骤①：单击"幻灯片放映"→"设置"组→"设置幻灯片放映"按钮，设置"放映类型"、"放映选项"和"放映的幻灯片"等，图 6-1-111 所示。

图 6-1-111　设置放映方式

步骤②：选择"设计"→"自定义"组→"幻灯片大小"下拉按钮→"自定义幻灯片大小"选项，如图 6-1-112 所示，在弹出的"幻灯片大小"对话框中设置幻灯片的大小、编号起始值、幻灯片方向等，如图 6-1-113 所示。

图 6-1-112　设置幻灯片大小

图 6-1-113　"幻灯片大小"对话框

2. 打印幻灯片

步骤①：选中第十张幻灯片，选择"视图"→"备注母版"按钮，打开备注母版视图，如图 6-1-114 和图 6-1-115 所示。

图 6-1-114　打开备注母版视图　　　　　图 6-1-115　备注母版视图

步骤②：在备注母版视图中设置带有备注内容的幻灯片的打印效果，该视图中可以修改备注页打印时的方向、大小和页眉页脚打印情况等；设置完成后，单击"关闭母版视图"按钮。

3. 打印文档

选择"开始"→"打印"选项，如图 6-1-116 所示，在"份数"处设置需要打印的数量；在"打印机"下拉列表中找到能正常使用的打印机；在"设置"处设置需要打印哪几张幻灯片和每张纸上打印几张幻灯片等，设置完成后单击"打印"按钮，完成打印。

图 6-1-116　设置打印效果

【项目总结】

本子项目通过制作个人规划演示文稿，介绍了如何使用 PowerPoint 2016 来制作幻灯片、添加超链接和动作按钮、设置页眉和页脚、设置主题、设置放映方式和打印演示文稿等。如果需要在幻灯片之间进行跳转，可以使用超链接和动作按钮实现幻灯片之间的交互效果。

【知识拓展】

1. 使用对齐功能

对齐模式有两种：对齐幻灯片和对齐所选对象。

① 对齐幻灯片是指所选择的对象以幻灯片边缘为参考对齐。例如，在这种模式下，如果单击左对齐，那么所选择的对象将对齐到幻灯片的左侧边缘。

② 对齐所选对象是指以所选的对象对齐，不管其在幻灯片中的位置。例如，在这种模式下，如果设置左对齐，那么所选择对象的左侧边缘对齐。

还有一些其他对齐方式，如图 6-1-117 所示。

图 6-1-117　使用对齐工具对齐对象

- ❖ 水平居中：所有对象垂直方向对齐。
- ❖ 右对齐：所有对象右侧对齐。
- ❖ 顶端对齐：所有对象顶部对齐。
- ❖ 垂直居中：所有对象水平方向对齐。
- ❖ 底端对齐：所有对象底部对齐。
- ❖ 横向分布：所有对象横向等距排列。
- ❖ 纵向分布：所有对象垂直方向等距排列。

2. 给文本框编辑起始编号

在给单一的文本框的内容添加编号时，不同段落依次编号；在给不同文本框中的文本编号时，每个文本框中的第一段都从 1 开始编号；若要使第一个文本框从 1 开始，第二个文本框从 2 开始，依此类推，需要右击第二个文本框编号"1"，在弹出的列表中选择"项目符号和编号"选项，在弹出的对话框中设置"起始编号"为 2，如图 6-1-118 所示。

图 6-1-118　设置起始编号值

3. 超链接

幻灯片链接是指幻灯片中的某个对象与另外一个对象的关联。链接对象可以是幻灯片中的文本、图片等，还可以是动作按钮。被链接对象可以是当前演示文稿中的幻灯片，也可以是其他演示文稿中的某张幻灯片，或者是 Internet 上的某个网页或电子邮件地址。幻灯片放映时，单击链接对象，会自动跳转到被链接对象。

选中不同对象插入超链接，在"插入超链接"对话框中"要显示的文字"编辑框中的内容也不同，如图 6-1-119 所示。

图 6-1-119　"插入超链接"对话框

① 选定了文本对象，则"要显示的文字"编辑框的内容为选定的文本，并可以编辑。

② 选定了文本占位符、文本框、图片等，则"要显示的文字"编辑框的内容为"在文档中选定的内容"，不可编辑。

在"插入超链接"对话框中单击"屏幕提示"按钮，弹出"设置超链接屏幕提示"对话框，在文本框中输入屏幕提示文字。在幻灯片放映视图中，把鼠标移动到带链接的对象上时，屏幕上会出现"屏幕提示文字"文本框中指定的文字。

6.2　子项目二　制作主题党日活动演讲幻灯片

【情境描述】

情境：作为一名大学生，要树立正确的党史观，学史明理、学史增信、学史崇德、学史力行，勇当社会主义事业接班人。在此，我们开设一场主题党日活动，作为主讲人的你需要制作一份关于庆祝建党 100 周年演示文稿，应怎样制作呢？

【问题提出】

在制作主题党日活动演示文稿时，我们着重解决以下问题。

（1）怎样使用幻灯片母版统一幻灯片样式？

（2）怎样排版更美观？

（3）怎样制作流程图？

（4）如何给幻灯片添加艺术字，并修改艺术字样式？

（5）怎样添加视频文件？

（6）如何给幻灯片对象添加动画交互效果？

（7）如何给幻灯片添加切换效果？

（8）使用外部 Excel 文件添加图表？

（9）如何给幻灯片加密以保护文档？

6.2.1　任务一　在母版中设置幻灯片背景

【情境和任务】

情境：通过观察，我们发现从第二张幻灯片开始，每张幻灯片的背景样式都是相同的，为了避免每次新建一张幻灯片时都重复制作幻灯片背景，我们应该如何做呢？有没有简便的方法来制作统一格式的背景呢？

任务：在母版中设置幻灯片背景样式。

【相关资讯】

1．排版

排版不是将图片、文字放在 PPT 页面中，凭感觉调整一下位置，而是充分使用参考线、网格线、标尺、对齐功能，甚至是插件来精准排版，熟练以后就会发现排版不再靠感觉，而是靠技巧。

2. 幻灯片母版

幻灯片母版存储幻灯片的模板信息，包括字形、占位符的大小、主题和背景等。幻灯片母版的主要用途是使用户能方便地进行全局更改，如替换字形、添加背景等，并使更改应用到演示文稿中的所有幻灯片中，做统一格式修改。

执行"视图"→"幻灯片母版"命令，打开幻灯片母版视图，左边的窗格为幻灯片缩略图窗格，第一个较大的缩略图为幻灯片母版缩略图，如图 6-2-1 所示，其余的为版式缩略图。

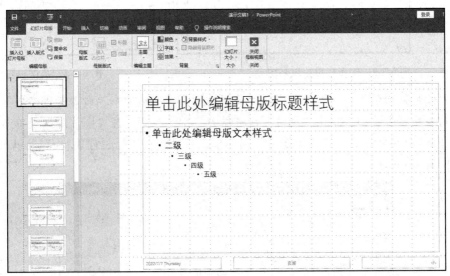

图 6-2-1 幻灯片母版缩略图

3. 幻灯片母版占位符

幻灯片母版中有以下占位符：标题占位符、对象占位符、日期占位符、页脚占位符和编号占位符。我们可以对占位符位置和大小进行修改，也可以对占位符中的对象进行修改；必要时可以插入占位符。

4. PowerPoint 2016 中的 3 种母版

幻灯片母版中所有更改都会影响基于该母版的幻灯片；母版中某一版式更改，都会影响基于该版式的所有幻灯片。PowerPoint 2016 有 3 种母版：幻灯片母版、讲义母版和备注母版。

① 幻灯片母版：是幻灯片层次结构中的顶层幻灯片，用于存储有关演示文稿的主题和幻灯片版式的信息，包括前景、颜色、字体、效果、占位符的大小和位置等。

② 讲义母版：设置讲义的统一格式，主要用于设置打印的效果。

③ 备注母版：如果幻灯片中有备注内容，在打印时需要一同打印备注，可以使用打印备注页内容。

【任务实施】

1. 在母版视图中设置标题幻灯片背景

步骤①：打开幻灯片母版视图，单击幻灯片母版视图左侧缩略图中最大的那张幻灯片母版缩略图，如图 6-2-2 所示。

步骤②：设置幻灯片页面大小。单击"幻灯片母版"→"页面设置"按钮，打开"页面设置"对话框，设置页面宽度为 34 厘米、高度为 19 厘米，单击"确定"按钮，如图 6-2-3 所示。

图 6-2-2　幻灯片母版缩略图

图 6-2-3　页面设置

选择"幻灯片母版"→"背景"组→"背景样式"下拉按钮→"设置背景格式"选项，弹出"设置背景格式"窗口，单击"图片或纹理填充"单选按钮，在"图片源"处单击"插入"按钮，如图 6-2-4 所示。打开"插入图片"对话框，找到图片"标题背景.jpg"，单击"插入"按钮，如图 6-2-5 所示。

图 6-2-4　设置背景格式

图 6-2-5　设置幻灯片图片背景

步骤③：在幻灯片母版缩略图中分别插入素材库中"背景 1.jpg"和"背景 2.jpg"两张图片，两张图片摆放位置如图 6-2-6 所示。将这两张背景图片置于底层。单击选中标题占位符，按住鼠标左键向下移动占位符；选中标题占位符下方的内容占位符，缩小内容占位符大小。

图 6-2-6　设置幻灯片背景

步骤④：在"背景 1.jpg"图片处插入横排文本框，输入文本内容"党史学习"，设置为"深红色，黑体，32 磅"。选中标题占位符，设置字体为"华文行楷，44 磅，红色"。

步骤⑤：在"视图"→"显示"组中选中"网格线"和"参考线"复选框，如图 6-2-7 所示。使用网格线和参考线可以精准调整对象位置，效果如图 6-2-8 所示，

图 6-2-7　网格线和参考线

图 6-2-8　插入"党史学习"文本框

步骤⑥：移动"党史学习"文本框，使其在垂直参考线左侧。

步骤⑦：在"党史学习"文本框右侧插入素材库中图片"小图标.png"，效果如图 6-2-9 所示。

步骤⑧：在"党史学习"文本框左侧和"100 周年"右侧各画一条横线。选择"插入"→"插图"组→"形状"下拉按钮→"直线"选项，按住鼠标左键，拖动鼠标在"党史学习"文本框左侧画一条横线；选中横线，按 Ctrl+C 组合键复制横线，然后按 Ctrl+V 组合键粘贴，此时复制了一条横线。选中这两条横线，选择"绘图工具/格式"→"形状轮廓"下拉按钮→"黑色"选项；将两条横线分别放在"党史学习"文本框左侧和"100 周年"右侧，效果如图 6-2-10 所示。

图 6-2-9　插入图标

图 6-2-10　插入两条横线

提示：同时选中两条横线操作方法：先选中一条，按住 Ctrl 键再单击另外一条横线。

步骤⑨：退出幻灯片母版视图。单击"幻灯片母版"→"关闭母版视图"按钮，退出母版视图，如图 6-2-11 所示。

图 6-2-11　关闭母版视图

2. 设置标题幻灯片背景

如图 6-2-12 所示，选中标题幻灯片，单击"设计"→"设置背景格式"按钮，在弹出的"设置背景格式"对话框中选中"隐藏背景图形"复选框，此时两个白色背景图片在标题幻灯片中不予显示。

图 6-2-12　隐藏标题幻灯片背景

3. 保存演示文稿

在"另存为"对话框中选择文件保存位置，文件名为"学习党史.pptx"，文件类型为"PowerPoint 演示文稿"。

6.2.2　任务二　制作 12 张幻灯片

【情境和任务】

情境：背景已经制作完成，背景决定了整个演示文稿的风格，接下来我们就要基于背景制作每一张幻灯片的具体内容。

任务：制作 12 张幻灯片。

【相关资讯】

1．使用图表

在演示文稿中可以插入图表，以增加数据可读性，特别是演示文稿的每张幻灯片的演示时间不长，观众不可能详细读取数据，使用图表一目了然；与 Excel 中一样，PowerPoint 也可以编辑图表标题、坐标轴、网格线以及绘图区等。

2．示意图

示意图类似于图表，图表是对数据的精确表示，演示文稿不同于 Excel 文件，有时不需要精确表达数据变化，只需要向观众传达数据变化趋势而已，此时可以制作示意图，不仅美观，而且也能达到突出主题的目的。

3．插入视频

视频是 PPT 中特殊的内容元素，其作用是图片、文字、图形无法取代的。视频通过动态的画面，结合声音，真实生动地进行展示，富有感染力，又能增强演示文稿的说服力。但是插入视频不是为了博取人们的眼球，而是要讲究目的、讲究技巧地带给观众好感。

【任务实施】

1．制作第一张幻灯片

步骤①：在标题占位符中输入"百年恰是风华正茂"，设置字体格式为"88 号，华文行楷"。

步骤②：选中"百年恰是风华正茂"文本，选择"绘图工具/格式"→"艺术字样式"组→"文本填充"下拉按钮→"渐变"→"其他渐变"选项，如图 6-2-13 所示。在窗口右侧弹出的"设置形状格式"对话框中单击"渐变填充"单选按钮，在"预设渐变"处设置为"黄色到白色渐变"，如图 6-2-14 所示。

图 6-2-13　设置文本填充色

图 6-2-14　设置文本渐变填充

步骤③：在副标题占位符中输入"2021 党支部庆祝建党 100 周年党史教育"，设置为"华文行楷，44 磅，黄色"。

步骤④：在第一张幻灯片中插入"党徽.jpg"图片，拖动党徽放置在垂直参考线、第一条和第二条水平网格线中间位置，效果如图 6-2-15 所示。

图 6-2-15　使用参考线和网格线对齐对象

步骤⑤：选中"百年恰是风华正茂"，选择"格式"→"艺术字样式"组→"文本效果"下拉按钮→"发光"效果，如图 6-2-16 所示。

图 6-2-16　设置艺术字发光效果

步骤⑥：选中副标题"2021 党支部庆祝建党 100 周年党史教育"，选择"绘图工具/格式"→"艺术字样式"组→"文本效果"下拉按钮→"阴影"选项，在"外部"栏中选择"偏移：左下"效果，如图 6-2-17 所示。

图 6-2-17　给文本内容添加阴影效果

2. 制作第二张幻灯片

步骤①：新建一张幻灯片，版式为"仅标题"。

步骤②：在标题占位符中输入"新文化运动"。

步骤③：插入文本框，输入"新文化运动打破了封建思想的桎梏，在中国社会中掀起了思想的启蒙运动，为马克思主义的传播奠定了基础。"文本，设置为"宋体，20 磅"，如图 6-2-18 所示。

步骤④：插入平行四边形，在"格式"→"大小"组中修改形状高度为 2 厘米、宽度为 21 厘米。选择"形状填充"下拉列表中的"渐变"选项，在"设置形状格式"对话框中设置"渐变填充"，类型为"射线"，渐变光圈设置 3 个停止点（单击渐变条增加停止点；拖动停止点可删除停止点），设置停止点 3 颜色为"橘色，个性色 2，淡色 40%"，适当调整其他停止点颜色，如图 6-2-19 所示。

图 6-2-18　标题和文本框效果　　　　　　　　图 6-2-19　设置射线类型渐变色

选择"格式"→"形状轮廓"下拉按钮→"无轮廓"选项，效果如图 6-2-20 所示。

图 6-2-20　形状效果

步骤⑤：在平行四边形中输入文字"四个提倡、四个反对"，设置为"32 磅，红色"。单击"开始"→"段落"组→"分散对齐"按钮，将"四个提倡、四个反对"文字分散对齐，如图 6-2-21 所示。

图 6-2-21　设置文本分散对齐

步骤⑥：插入两张图片。在第二张幻灯片中插入图片"新文化运动 1.jpg"和"新文化运动 2.jpg"，放置到适当位置，如图 6-2-22 所示。

图 6-2-22　插入图片

步骤⑦：在下方插入 4 条横线，为了使横线长度一致，可以先画一条，修改其长度为 30 厘米，再复制横线。使第一条横线对齐倒数第三条平行网格线，第四条横线对齐倒数第一条平行网格线。同时选中 4 条横线，选择"格式"→"排列"组→"对齐"下拉按钮→"纵向分布"选项，使 4 条横线间距相等，如图 6-2-23 所示。

步骤⑧：插入文本框，设置文本框边框为"无边框"，填充色为"无填充色"，输入素材中文本"提倡民主，反对专制。……反对旧文学。"，设置为"仿宋，24 磅，倾斜效果"；单击"开始"→"段落"组→"功能扩展"按钮，打开"段落"对话框，修改行距为"固定值"，设置值为"40 磅"，单击"确定"按钮，如图 6-2-24 所示。

图 6-2-23　插入横线并调整其距离　　　　　　图 6-2-24　设置行距

步骤⑨：选中"提倡民主……反对旧文学。"，执行"开始"→"段落"组→"编号"命令，给文本添加"一．二．……"编号，如图 6-2-25 所示。适当调整文本框大小，使每段文字在一行显示，将文本框放置合适位置，效果如图 6-2-26 所示。

图 6-2-25　添加编号列表　　　　　　图 6-2-26　添加编号后效果

步骤⑩：在右侧插入文本框并输入"新文化运动中民主和科学两面旗帜的树立，使中国许多方面都发生了翻天覆地的变化，还造成了新思想、新理论广泛传播的大好机遇。"文本，设置为"仿宋，18 磅，红色"，适当调整文本框大小，效果如图 6-2-27 所示。

图 6-2-27　第二张幻灯片

3. 制作第三张幻灯片

步骤①：新建幻灯片，版式为"图片与标题"。

步骤②：在标题占位符中输入"五四运动"。

步骤③：在标题占位符下方的内容占位符中输入素材中文本"1919 年 1 月 18 日，……为中国共产党的成立准备了条件。"，设置为"仿宋，20 磅"。

选中"1919 年 1 月 18 日……成立准备了条件"文本，执行"开始"→"项目符号"命令，如图 6-2-28 所示，在弹出的列表中选择"加粗空心方形项目符号"选项，给 3 段文字添加项目符号效果。

步骤④：在幻灯片右侧添加图片。单击"插入"→"插图"组→"图片"按钮，弹出"插入图片"对话框，选择图片"五四运动 1.jpg"，单击"插入"按钮，插入一张图片，适当调整图片大小，最终效果如图 6-2-29 所示。

图 6-2-28　添加项目符号

图 6-2-29　第三张幻灯片

4. 制作第四张幻灯片

步骤①：新建一张幻灯片，版式为"仅标题"。在标题占位符中输入"中共一大召开"。

步骤②：在幻灯片右侧插入矩形框，形状高度为 2 厘米、宽度为 7 厘米。填充色为"白色，背景 1，深色 35%"；形状轮廓为"无轮廓"。

步骤③：再画一个矩形，形状高度为 1.5 厘米、宽度为 6.5 厘米；形状轮廓为"无轮廓"；在"形状填充"下拉列表中选择"其他填充颜色"选项，在弹出的"颜色"对话框中设置如下：颜色模式：RGB；红色：220；绿色：50；蓝色：15。单击"确定"按钮，如图 6-2-30 所示。

步骤④：选中两个矩形，选择"格式"→"对齐"下拉按钮→"水平居中"和"垂直居中"选项，使两个矩形中心对齐，如图 6-2-31 所示。

图 6-2-30　设置其他填充颜色

图 6-2-31　使用对齐工具对齐对象

步骤⑤：插入图片"党徽.jpg"，缩小党徽叠放至矩形框上面，按键盘中的方向箭头 微调党徽的位置，效果如图 6-2-32 所示。

步骤⑥：插入文本框，输入"1921 年"，设置为"华文新魏，36 磅，白色，加粗"；叠放至矩形框上方，选中这两个矩形框、文本框和党徽，右击，在弹出的列表中执行"组合"命令，将 4 个对象组合在一起，如图 6-2-33 所示。组合后的图形可以作为一个整体对象进行移动操作

图 6-2-32　添加党徽效果

图 6-2-33　组合图形

步骤⑦：插入图片"中共一大 1.jpg"至"中共一大 13.jpg"，共 13 张图片，依次排列图片，使用对齐工具对齐这 13 张图片，如图 6-2-34 所示。

步骤⑧：插入文本框，输入文本"出席党的一大 13 位代表"，设置为"思源黑体，32 磅，红色"；再插入一个文本框，输入"代表着全国 50 多名党员。大会通过了《中国共产党党纲》，选举出以陈独秀为中央局书记的党的领导机构，正式宣告中国共产党的成立。"文本，设置为"思源黑体，24 磅"，效果如图 6-2-35 所示。

图 6-2-34　插入并对齐图片

图 6-2-35　第四张幻灯片

5．制作第五张幻灯片

步骤①：新建一张幻灯片，版式为"仅标题"。

步骤②：在标题占位符中输入"长征胜利"。

步骤③：插入矩形，形状高度为 1.5 厘米、宽度为 4 厘米；选中形状，选择"绘图工具/格式"→"形状样式"下拉列表→"其他"→"强烈效果-橙色，强调颜色 2"样式，如图 6-2-36 所示。

步骤④：使用相同的方法插入向右的箭头，形状高度为 1 厘米、宽度为 3 厘米；样式为"强烈效果-绿色，强调颜色 6"，复制矩形和箭头，排列效果如图 6-2-37 所示。

图 6-2-36　给矩形添加样式

图 6-2-37　添加图形效果

❖　改变箭头指向方向可选中箭头，单击"格式"→"旋转"按钮，在下拉列表中可以根据需要单击"向右旋转 90°"、"向左旋转 90°"、"垂直旋转"和"水平旋转"。

❖　此处可以使用对齐工具，使矩形框和箭头上下左右对齐，同时使用键盘上方向箭头按键进行微调；在使用对齐工具时应以网格线和参考线作为参考，分别对齐行和列。

步骤⑤：在矩形框中分别输入"瑞金"、"血战湘江"、"遵义会议"、"强渡大渡河"、"飞夺泸定桥"、"爬雪山"、"过草地"和"延安"，设置为"华文琥珀，白色，20 磅"，适当调整矩形框大小，使文字在一行显示。

步骤⑥：插入图片"长征 2.jpg"，选中图片，选择"格式"→"颜色"下拉按钮→"设置透明色"选项，此时鼠标变为箭头加笔的形状，在图片的白色背景处单击，去掉图片背景色，如图 6-2-38 所示。

图 6-2-38　设置图片背景色为透明色

步骤⑦：复制第四张幻灯片中的"1921 年"矩形框对象到本张幻灯片，并修改年份为"1936"，效果如图 6-2-39 所示。

图 6-2-39　第五张幻灯片

步骤⑧：在备注页中输入素材中文本"1935 年 1 月……举世瞩目的长征。"，如图 6-2-40 所示。

图 6-2-40　添加备注

6. 制作第六张幻灯片

步骤①：如图 6-2-41 所示，制作第六张幻灯片。

步骤②：选中图片，选择"格式"→"图片样式"组→"透明阴影，白色"选项，如图 6-2-42 所示。

图 6-2-41　第六张幻灯片内容

图 6-2-42　设置图片样式

步骤③：在标题占位符中输入"抗日胜利"。

步骤④：复制第四张幻灯片中的"1921 年"矩形框对象到本幻灯片，并修改年份为"1945"。

步骤⑤：在文本占位符中输入素材中的"1945 年 9 月 2 日在美国军舰'密苏里'号……成为中国人民抗日战争胜利纪念日。"文本。

"1945 年 9 月 2 日……在投降书上签字。"文本设置为"仿宋，24 磅，红色"，其余文本设置为"20 磅，仿宋，黑色"。

步骤⑥：选中所有文字，选择"开始"→"段落"组→"功能扩展"按钮，在弹出的"段落"对话框中"缩进"栏设置为首行缩进，度量值为 1.27 厘米；在"间距"栏中设置段前、段后为 0 磅，行距为单倍行距，如图 6-2-43 所示，效果如图 6-2-44 所示。

图 6-2-43　设置段落对话框

图 6-2-44　第六张幻灯片

7. 制作第七张幻灯片

步骤①：新建一张幻灯片，版式为"仅标题"。

步骤②：在标题占位符中输入"中华人民共和国成立"。

步骤③：复制第六张幻灯片的年份矩形框到第七张幻灯片，改年份为"1949"。

步骤④：插入艺术字。单击"插入"→"文本"组→"艺术字"按钮，在弹出的列表中选择第三行第四列艺术字样式，在艺术字占位符中输入"开国大典"，设置为"隶书，80 磅"。

步骤⑤：如图 6-2-45 所示，选中艺术字，选择"格式"→"艺术字样式"组→"文本效果"

下拉按钮→"转换"选项，然后在"弯曲"栏中选择"朝鲜鼓"效果，效果如图 6-2-46 所示。

图 6-2-45　设置艺术字"朝鲜鼓"效果　　　　　图 6-2-46　艺术字效果

步骤⑥：插入图片"开国大典 1.png"和"开国大典 2.png"，调整大小，并放置在合适位置。

步骤⑦：插入文本框，输入素材中文本"1949 年 10 月 1 日……富强的新中国。"，选中"1949 年 10 月 1 日首都……隆重举行开国大典。"文本，执行"开始"→"字体"组→"文字阴影"命令，添加文字阴影效果，效果如图 6-2-47 所示。

图 6-2-47　第七张幻灯片

8. 制作第八张和第九张幻灯片

如图 6-2-48 和图 6-2-49 所示，为第八张和第九张幻灯片效果。

图 6-2-48　第八张幻灯片　　　　　图 6-2-49　第九张幻灯片

9. 制作第十张幻灯片

步骤①：新建一张幻灯片，版式为"图片与标题"。

步骤②：在标题占位符中输入"GDP 首次超越日本"，"GDP"三个字母字体为 Calibri。

步骤③：复制第六张幻灯片的年份矩形框到第十张幻灯片，改年份为"2010"。

步骤④：选中"视图"→"显示"组中的"标尺"、"网格线"和"参考线"3 个复选框，如图 6-2-50 所示。

图 6-2-50　打开标尺、网格线和参考线功能

步骤⑤：在自左上角水平位置 14 厘米、自左上角垂直位置 2 厘米处插入箭头形状，箭头方向向上，如图 6-2-51 所示。

步骤⑥：选中箭头形状，选择"格式"→"形状样式"组→"形状填充"下拉按钮→"渐变"→"其他渐变"选项；在"设置形状格式"对话框中单击"渐变填充"单选按钮，类型选择"线性"，如图 6-2-52 所示，将左侧渐变光圈停止点 1 设置为红色，右侧渐变光圈停止点 2 设置为白色。

图 6-2-51　插入箭头形状

图 6-2-52　设置渐变色光圈颜色

步骤⑦：设置箭头形状轮廓为"无轮廓"；设置箭头高度为 10 厘米、宽度为 0.5 厘米。

步骤⑧：复制箭头，选中新复制的箭头，选择"格式"→"排列"组→"旋转"下拉按

钮→"向右旋转 90°"选项，如图 6-2-53 所示。

步骤⑨：设置新复制的箭头的形状高度为 14 厘米，并放置到合适位置，效果如图 6-2-54 所示。

图 6-2-53　设置箭头形状方向

图 6-2-54　绘制两个相互垂直的箭头

步骤⑩：再次复制箭头，设置箭头宽度为 1 厘米，选中并拖动按钮 ，调整箭头方向，如图 6-2-55 所示。

步骤⑪：制作矩形 1。插入矩形，形状高度为 2 厘米；设置矩形填充颜色为"黑色、文字 1，淡色 25%"至"白色"从上向下线性渐变；形状轮廓为"无轮廓"。

图 6-2-55　绘制斜上方箭头

步骤⑫：制作矩形 2。绘制矩形 2，矩形 2 形状高度为 3 厘米；选中第一个矩形，单击"开始"→"剪贴板"组→"格式刷"按钮，鼠标变为刷子形状，在矩形 2 上单击，矩形 2 变为与矩形 1 相同样式。

步骤⑬：制作矩形 3 和矩形 4。复制矩形 3、矩形 4，矩形 3 形状高度为 3.5 厘米，矩形 4 形状高度为 4 厘米；使用相同的方法设置矩形 3 和矩形 4 的样式。

步骤⑭：制作矩形 5。复制矩形 5，形状高度为 6 厘米，设置矩形填充色为"红色"至"白色"从上向下线性渐变。

步骤⑮：选中 5 个矩形，使用对齐工具中的"横向分布"命令使 5 个矩形间距相等，效果如图 6-2-56 所示。

图 6-2-56　绘制示意图效果

步骤⑯：插入两个文本框，分别输入年份"1978"和"2018"，分别放置到矩形 1 和矩形 5 下方，效果如图 6-2-57 所示。

步骤⑰：插入竖排文本框，文本框中输入"国内生产总值（万元）"，适当调整其位置。

插入素材库中图片"GDP.png"，放置到合适位置。插入两个文本框，分别输入"GDP 世界第二"和"90 万亿"。设置文本"GDP 世界第二"为"24 磅，微软雅黑，红色"；设置"90 万亿"为"20 磅，微软雅黑，红色"，放置到合适位置，效果如图 6-2-58 所示。

图 6-2-57　插入年份文本框

图 6-2-58　示意图最终效果图

步骤⑱：选择"插入"→"形状"下拉按钮→"流程图：多文档"选项，绘制图形后，选择"格式"→"形状样式"下拉列表→第 3 行第 2 列"细微效果-蓝色，强调颜色 1"样式。

步骤⑲：在对文档形状中输入"长达三十多年 GDP 高速增长持续至今，'中国崛起'为世人所瞩目，2010 年超越日本，成为世界第二大经济体，同时多项工农业指标位居世界第一。"文本。

输入"在东欧剧变、苏联解体，世界社会主义事业遭遇重大挫折的情况下，更证明了中国共产党改革开放决策的正确性和前瞻性。"文本，设置为"华文细黑，20，红色"，效果如图 6-2-59 所示。

图 6-2-59　第十张幻灯片

10. 制作第十一张幻灯片

步骤①：新建一张幻灯片，版式为"标题和内容"。

步骤②：在标题占位符中输入"党员队伍不断壮大"。

步骤③：在内容占位符中单击"插入图表"按钮，如图 6-2-60 所示，在弹出的"插入图表"对话框中选择"折线图"选项，单击"确定"按钮，如图 6-2-61 所示。在打开的 Excel 窗口中输入如图 6-2-62 所示内容。

步骤④：打开"Microsoft PowerPoint 中的图表"窗口，移动鼠标至列标 C、D 处，当鼠标指针变为向下的黑箭头时，选中 C 列、D 列，右击，在弹出的下拉菜单中选择"删除"选项，删除 C 列和 D 列，如图 6-2-63 所示。

图 6-2-60　插入图表按钮

图 6-2-61　插入图表对话框

图 6-2-62　编辑图表数据值窗口

图 6-2-63　删除多余列

步骤⑤：在"Microsoft PowerPoint 中的图表"窗口中单击"关闭"按钮，返回 PowerPoint 窗口，效果如图 6-2-64 所示。

图 6-2-64　图表效果图

步骤⑥：选中图表，选择"图表工具/设计"→"添加图表元素"下拉按钮→"数据标签"→"上方"选项，如图 6-2-65 所示，此时在图表中显示数据值。

图 6-2-65　为图表添加数据标签

11. 制作第十二张幻灯片

步骤①：新建一张幻灯片，版式为"标题和内容"。在标题占位符中输入"热烈庆祝中华人民共和国建党 100 周年"，居中。

步骤②：在内容占位符中单击"插入视频文件"按钮，如图 6-2-66 所示，在弹出的对话框中选择素材库中视频文件"建党 100 周年.mp 4"，单击"插入"按钮，如图 6-2-67 所示，将视频文件插入幻灯片中。

图 6-2-66　"插入视频文件"按钮

图 6-2-67　"插入视频文件"对话框

步骤③：选中视频文件，选择"视频工具/播放"→"开始"下拉按钮→"自动"选项，在幻灯片放映时，视频文件将自动播放，如图 6-2-68 所示。

图 6-2-68　自动播放视频文件

6.2.3　任务三　为幻灯片添加动画效果

【情境和任务】

情境：为了增加演示文稿交互效果，可以为幻灯片添加动画效果来突出重点，控制信息流，并增加演示文稿的趣味性。

任务：为幻灯片添加动画效果。

【相关资讯】

1．幻灯片切换效果

幻灯片切换是指从一张幻灯片切换到另外一张幻灯片时的过渡方式。打开"切换"功能选项卡，在"切换到此幻灯片"组中可以选择切换的效果；在"声音"命令处可以设置切换幻灯片时的声音效果；另外，还可以设置是单击鼠标切换幻灯片还是一定时间后自动切换。

2．添加动画

可以给幻灯片内容（包括占位符、文本框、图片、形状等对象）添加动画效果；动画效果分为进入、强调、退出、路径 4 类；还可以设置动画的播放方式、动画的顺序和声音等效果。

【任务实施】

1．设置幻灯片切换方式

步骤①：选中第一张幻灯片（标题幻灯片），选择"切换"→"切换到此幻灯片"组→"分割"效果，如图 6-2-69 所示。

图 6-2-69　设置当前幻灯片切换效果

步骤②：选择"切换"→"计时"组→"声音"下拉列表→"风铃"选项，并单击"应用到全部"按钮，此时所有幻灯片都添加了分割的切换效果和风铃声，如图 6-2-70 所示。

图 6-2-70　设置幻灯片切换声音和全部应用

2．添加自定义动画效果

（1）在母版视图中设置标题占位符的动画效果

步骤①：执行"视图"→"母版视图"组→"幻灯片母版"命令，打开"母版视图"，左侧选中第一张幻灯片母版缩略图中的标题占位符，单击"动画"→"高级动画"组→"动画窗格"按钮，此时屏幕右侧弹出"动画窗格"对话框，如图 6-2-71 所示。

图 6-2-71　在幻灯片母版中添加动画

步骤②：选择"动画"→"高级动画"组→"添加动画"下拉按钮→"轮子"选项，如图 6-2-72 所示；选择"动画"→"计时"组→"开始"下拉按钮→"上一动画之后"选项，如图 6-2-73 所示。

图 6-2-72　设置标题"轮子"进入动画效果

图 6-2-73　设置动画开始方式

步骤③：标题动画制作完成后，单击"幻灯片母版"→"关闭母版视图"按钮，退出母版视图。此时可以放映视图观看动画效果，会发现每张幻灯片的标题占位符都添加了动画效果。

（2）为第一张幻灯片中的其他对象添加自定义动画效果

选择副标题占位符，选择"动画"→"高级动画"组→"添加动画"下拉按钮→"飞入"效果，选择"动画"→"计时"组→"开始"下拉按钮→"上一动画之后"选项，此时在"动画窗格"对话框中可以看到已经添加两个动画了，并且在副标题占位符左上角出现动画编号"0"。

（3）为第二张幻灯片中的其他对象添加自定义动画效果

步骤①：选中第二张幻灯片中下方的第一条横线，选择"动画"→"添加动画"下拉按钮→"更多进入效果"选项，如图 6-2-74 所示。在弹出的"添加进入效果"对话框中选择"擦除"选项，单击"确定"按钮，如图 6-2-75 所示。

图 6-2-74 更多进入效果 　　　　　图 6-2-75 添加进入效果窗口

步骤②：在"动画窗格"对话框中选中第二个动画"直线连接符 10"（此处可能名称不同），选择"动画"→"动画"组→"效果选项"下拉按钮→"自左侧"选项，如图 6-2-76 所示。

步骤③：选中第一条横线，单击"高级动画"组中的"动画刷"按钮 ✦ 动画刷 ，此时鼠标指针变为白色箭头和一个刷子形状，在第二条横线上单击一下，此时可以将第一条横线的动画复制到第二条横线上；使用相同的方法将动画复制到第三、第四条横线上。

步骤④：在"动画窗格"对话框中选中"直线连接符 12、11 和 13"（此处可能名称不同），选择"动画"→"计时"组→"开始"下拉按钮→"与上一动画同时"选项，如图 6-2-77 所示。

图 6-2-76 设置动画运动方向 　　　　　图 6-2-77 设置动画开始方式

步骤⑤：使用相同的方法为"提倡民主，反对专制"文本框添加"飞入"的进入效果，效果选项设置为"自左侧"。

（4）为第四张幻灯片中的其他对象添加自定义动画效果

选中第四张幻灯片，打开"动画窗格"对话框，选中"毛泽东照片"，为其添加进入动画效果"飞入"，开始方式为"上一动画之后"；双击动画刷，使用动画刷工具将动画效果复制到其他照片上。

（5）为第五张幻灯片中的其他对象添加自定义动画效果

步骤①：选中第一个绿色箭头，为其添加强调的动画效果"彩色脉冲"。在"动画窗格"对话框中单击动画"箭头：右 3"右侧的下拉按钮，在下拉列表中选择"效果选项"选项，如图 6-2-78 所示。在弹出的"彩色脉冲"对话框中选择"计时"→"期间"下拉列表→"快速（1秒）"选项，单击"确定"按钮，如图 6-2-79 所示。

图 6-2-78　"动画窗格"对话框　　　　图 6-2-79　"彩色脉冲"对话框

步骤②：复制动画效果，根据演讲顺序，依次复制到其他箭头上。

步骤③：可根据实际情况给其他幻灯片添加动画效果。

（6）设置幻灯片播放方式

单击"幻灯片放映"→"开始放映幻灯片"组→"从头开始"按钮，播放所有的幻灯片，观看幻灯片的播放效果。

6.2.4　任务四　保护文档

【情境和任务】

情境：到目前为止，主题党日活动的演示文稿已经基本制作完成。文件保存在计算机上，可是难免有同学借你的计算机，为了避免同学误操作修改了文档，我们可以为文件加密，只有知道密码的人才能编辑文档。

任务：给文档加密。

【任务实施】

设置密码步骤如下。

步骤①：打开 PPT 文档，选择"文件"→"另存为"→"浏览"选项，在弹出的"另存为"对话框中选择文件保存位置，选择"工具"下拉按钮→"常规选项"选项，如图 6-2-80 所示。

步骤②：在"常规选项"对话框中可以设置"打开权限密码"或"修改权限密码"，单击"确定"按钮，如图 6-2-81 所示。

图 6-2-80　"另存为"对话框　　　　　　　　　图 6-2-81　"常规选项"对话框

步骤③：在弹出的"确认密码"对话框中再次输入密码，单击"确定"按钮，如图 6-2-82 所示，密码设置成功。

图 6-2-82　输入密码窗口

步骤④：回到"另存为"对话框，单击"保存"按钮，完成加密保存。此时关闭文档再次打开时，需要输入密码才能打开或编辑。

提示：打开权限密码是只有输入密码后才能打开；修改权限密码是只能以只读方式打开文档，不能编辑文档，或者输入密码后打开文档才可以编辑文档。

【项目总结】

通过本子项目的学习，我们主要掌握了使用母版快速统一样式、添加切换效果和动画效果等方法，使幻灯片更加生动有趣，有效缓解观众视觉疲乏，也具有突出作者观点的作用。除此之外，我们还学习了在幻灯片中插入视频、插入图表等方式丰富幻灯片内容。

【知识拓展】

1. 幻灯片母版中的占位符

① 标题占位符：设置幻灯片标题格式。

② 对象占位符：设置各种对象的样式。

③ 日期占位符：插入日期的地方。

④ 页脚占位符：设置页脚的内容和样式。

⑤ 编号占位符：插入幻灯片编号和设置其样式。

2. 幻灯片母版中占位符的修改

① 更改字体或项目符号。

② 更改占位符大小和位置。

③ 更改占位符背景样式。

④ 插入新的占位符。

3. 更改幻灯片母版的特点

① 更改幻灯片母版后，实际内容不变。

② 幻灯片母版中的修改会影响整个幻灯片的样式。

③ 幻灯片母版中其中一个版式的母版改变，相应地，该版式的幻灯片样式随之改变。

④ 修改完母版样式后应关闭幻灯片母版，退出母版视图，到普通视图中修改内容。

4. 视频外观设置

插入演示文稿中的视频缩放大小时应将鼠标移动到视频的 4 个角的控制点处拖动，以免引起视频变形。插入视频后可以选择一张图片作为视频的封面图片。

步骤①：选中视频，单击"视频工具/格式"→"海报框架"按钮，如图 6-2-83 所示。

步骤②：在弹出的列表中选择"文件中的图像"选项，在弹出的"插入图片"对话框中选择图片位置，选中图片后打开，设置完成，如图 6-2-84 所示。

图 6-2-83　海报框架命令　　　　　图 6-2-84　选择文件中的图片作为视频封面

步骤③：还可以在"视频样式"组中为视频设置外观效果。选中视频，在"视频工具/格式"→"视频样式"组中选择合适的样式，并在"视频形状""视频边框""视频效果"处编辑外观效果。

5. 添加动画的对象

可以对演示文稿中占位符中的项目、段落或者使单个项目符号列表添加动画，可以给一个对象添加多种动画。设置动画时应注意：如果没有选定文本，则对当前占位符的所有文本设置相应的动画效果；如果选定了文本，则对选定文本设置相应的动画效果。

① 进入：在幻灯片放映时，对象怎样进入屏幕的效果。

② 强调：在幻灯片放映时，给已经在幻灯片上的对象添加动作，起到突出强调的作用。

③ 退出：在幻灯片放映时，给已经在幻灯片上的对象添加退出屏幕的效果。

④ 动作路径：设置对象的运动轨迹，设置动作路径后会有一条线表示对象运动的路径。

⑤ 可以在动画窗格中控制动画的顺序，默认动画是按照从上到下顺序播放；可以选中其中一个动画效果，拖动鼠标移动它的位置，从而改变动画播放顺序，如图 6-2-85 所示。

图 6-2-85　"动画窗格"对话框

6. 控制动画开始方式

① 单击时：在幻灯片放映时，单击鼠标开始动画。

② 与上一动画同时：顾名思义，与前一动画同时进行，不需要单击鼠标。

③ 上一动画之后：上一动画完成后自动播放。

7. "效果选项"对话框中的"效果"功能选项卡

① 平滑开始：动画开始时动作较慢，后逐渐加快到设置速度，类似于汽车启动。

② 平滑结束：动画快要结束时动作逐渐变慢，直到动作结束，类似于汽车刹车。

③ 弹跳结束：动作结束时有弹跳的动作，可设置弹跳的幅度。

④ 调整动画顺序：设置了多个动画效果后，可以在"动画窗格"对话框中选中某一动作并拖动，并改变其出场顺序。

⑤ 删除动画：从"动画窗格"对话框中选中某一动画，在下拉列表中选择"删除"选项。

8. 幻灯片切换其他常用操作

① 取消幻灯片切换效果：在切换效果列表中选择"无"，可取消切换效果。

② 在切换效果中选择"随机"，该切换效果不是一个特定的切换效果，而是随机选择一种

效果切换。

③ 在"计时"组中的"换片方式"处，选中"单击鼠标时"和"设置自动换片时间"复选框，则在幻灯片放映时，即使没到设定时间，单击鼠标也可以切换幻灯片，或者即使没单击鼠标，到了时间也会自动切换，即两个条件满足其一则切换幻灯片。

④ 在"计时"组中的"换片方式"处，取消选中"单击鼠标时"和"设置自动换片时间"复选框，则在幻灯片放映时，只能选择其他方式切换幻灯片，如右击在下拉列表中单击"下一张"切换、用键盘中向下箭头进行切换等。

【课后习题】

参 考 文 献

[1] 孙霞. 计算机基础项目化教程（Windows 7+Office 2016）[M]. 北京：中国铁道出版社有限公司，2019.

[2] 谢厚亮，田杰，肖卓朋. 计算机应用基础项目化教程（Windows 7+Office 2010）[M]. 西安：电子科技大学出版社，2020.

[3] 丛国凤，徐涛，谢楠. 计算机应用基础项目化教程（Windows 10+Office 2016）[M]. 北京：清华大学出版社，2019.

[4] 凤凰高新教育. Word 2016 完全自学教程[M]. 北京：北京大学出版社，2017.

[5] 黄林国，康志辉. 计算机应用基础项目化教程（Windows 7+Office 2010）[M]. 北京：清华大学出版社，2013.

[6] 侯冬梅. 计算机应用基础[M]. 2 版. 北京：中国铁道出版社有限公司，2021.

[7] 张超，王剑云，陈宗民. 计算机应用基础[M]. 3 版. 北京：清华大学出版社，2018.

[8] 教育部考试中心. 计算机基础及 MS Office 应用（2021 年版）[M]. 北京：高等教育出版社，2021.

[9] 高万萍，王德俊. 计算机应用基础教程（Windows 10，Office 2016）[M]. 北京：清华大学出版社，2019.

[10] 石忠，杜少杰. 计算机应用基础[M]. 2 版. 北京：北京理工大学出版社，2019.

[11] 卓志宏. 计算机应用基础（Windows 7+Office 2010）[M]. 西安：电子科技大学出版社，2019.

[12] 金平国，徐迪新. 计算机应用基础知识[M]. 南昌：江西高校出版社，2017.

[13] 刘音，王志海. 计算机应用基础[M]. 北京：北京邮电大学出版社，2020.

[14] 张晓景. 计算机应用基础（Windows 7+Office 2010）[M]. 北京：北京邮电大学出版社，2013.

[15] 宋俊骥，欧阳潘. 计算机应用基础教程（Windows 10+Office 2016）[M]. 北京：人民邮电出版社，2021.